大家小书

乡土漫谈

陈志华 著

北京出版集团公司
北京出版社

图书在版编目（CIP）数据

乡土漫谈 / 陈志华著. — 北京 : 北京出版社，2018.7

（大家小书）

ISBN 978-7-200-13930-3

Ⅰ. ①乡… Ⅱ. ①陈… Ⅲ. ①建筑艺术—中国—文集 Ⅳ. ①TU-862

中国版本图书馆 CIP 数据核字(2018)第 046042 号

总 策 划：安 东 高立志　　责任编辑：王忠波

·大家小书·

乡土漫谈

XIANGTU MANTAN

陈志华 著

*

北京出版集团公司
北京出版社 出版

（北京北三环中路6号 邮政编码：100120）

网 址：www.bph.com.cn

北京出版集团公司总发行

新华书店经销

北京华联印刷有限公司印刷

*

880 毫米×1230 毫米　32 开本　9.375 印张　153 千字

2018 年 7 月第 1 版　2019 年 8 月第 2 次印刷

ISBN 978-7-200-13930-3

定价：39.00 元

如有印装质量问题，由本社负责调换

质量监督电话：010-58572393

总　　序

袁行霈

“大家小书”，是一个很俏皮的名称。此所谓“大家”，包括两方面的含义：一、书的作者是大家；二、书是写给大家看的，是大家的读物。所谓“小书”者，只是就其篇幅而言，篇幅显得小一些罢了。若论学术性则不但不轻，有些倒是相当重。其实，篇幅大小也是相对的，一部书十万字，在今天的印刷条件下，似乎算小书，若在老子、孔子的时代，又何尝就小呢？

编辑这套丛书，有一个用意就是节省读者的时间，让读者在较短的时间内获得较多的知识。在信息爆炸的时代，人们要学的东西太多了。补习，遂成为经常的需要。如果不善于补习，东抓一把，西抓一把，今天补这，明天补那，效果未必很好。如果把读书当成吃补药，还会失去读书时应有的那份从容和快乐。这套丛书每本的篇幅都小，读者即使细细地阅读慢慢地体味，也花不了多少时间，可以充分享受读书的乐趣。如果把它们当成补药来吃也行，剂量小，吃起来方便，消化起来也容易。

我们还有一个用意，就是想做一点文化积累的工作。把那些经过时间考验的、读者认同的著作，搜集到一起印刷出版，使之不至于泯没。有些书曾经畅销一时，但现在已经不容易得到；有些书当时或许没有引起很多人注意，但时间证明它们价值不菲。这两类书都需要挖掘出来，让它们重现光芒。科技类的图书偏重实用，一过时就不会有太多读者了，除了研究科技史的人还要用到之外。人文科学则不然，有许多书是常读常新的。然而，这套丛书也不都是旧书的重版，我们也想请一些著名的学者新写一些学术性和普及性兼备的小书，以满足读者日益增长的需求。

“大家小书”的开本不大，读者可以揣进衣兜里，随时随地掏出来读上几页。在路边等人的时候，在排队买戏票的时候，在车上、在公园里，都可以读。这样的读者多了，会为社会增添一些文化的色彩和学习的气氛，岂不是一件好事吗？

“大家小书”出版在即，出版社同志命我撰序说明原委。既然这套丛书标示书之小，序言当然也应以短小为宜。该说的都说了，就此搁笔吧。

陈志华的乡土情结

李秋香

《乡土漫谈》是陈志华先生有关乡土建筑著述的一本“大家小书”，希望让更多的人能轻松地读到大家们的精品，感知大家们的思想动态与学术的追求，利用点滴时间随时翻看，不受大部头著作阅读冗时的拖赘。本书为陈志华先生两类具有代表性的著述，一是乡土建筑研究的论述，一是精选了序跋中的七篇。文章学术观点清晰，短小精悍，优美抒情，可读性强，可供读者细细鉴赏品读。

陈志华先生的一生，在两个研究领域中均获得了很高的成就。1989年之前，陈先生一直从事外国建筑史的教学和研究工作，著述颇为丰厚，是从事外国建筑史研究中，国内颇具影响力的学者。1989年退休年限一到，陈先生便放下了之前的工作，从研究外国的东西，一步跨界到了中国乡土建筑的学科，并成立了乡土建筑研究组，将学术方向来了个一百八十度的大转弯。当年陈先生正值六十岁，他便诙谐地称这次跨界为“六十变法”。

这次跨界让很多业内的人不解。守着外国建筑史的至高领域，可轻松辉煌地走完一生，变法岂不是大忌？的确，那个历史阶段，中国乡村还是个落后、愚昧、脏乱差的代名词，人们对乡村、乡村建筑及乡土文化关注甚微，乡土建筑究竟能研究出什么来？面对人们的质疑，陈志华却很冷静地说：“外建史研究很好，但只是图书馆研究。”中国乡村的生活多么有趣！他回忆第一次下乡时说：“我一下子就喜欢上了这个清爽的环境……看来我身上流动着的还是从庄稼地里走出来的父母的血。这一身血早晚要流回土地里去。”在给学生讲课或撰文时也常说：“……抗日战争时期我们还小，为了躲避日本人，老师带着我们避乱在乡下，吃住无定所，是广大的农村，是农民把我们养大的。乡土建筑，是我几十年来牵魂的心爱。”

2012年12月陈志华先生获得了“走向公民建筑——第三届中国建筑传媒奖”的杰出成就奖，那阵子正赶上他腰腿疼发作，让我代他去深圳领奖。临走前我到陈先生家，他再次深情地念起他的母亲：“一位大字不识，连名字都没有的乡下妇女，但她是织布能手。我享受了她一生的慈爱，晚上闭起眼睛等她过来给我轻轻整一整棉被。”“在乡下我们也如此享受着乡民的照顾。抗战八年，随学校上山下乡，在祠堂里住宿，在庙宇里上课，在老乡家里洗衣服，每周还煮一大锅开水烫虱子。乡村的生活虽苦，但太有趣，太好玩儿，太丰富了，印象太深了。我永远永远，时时刻刻都忘不了乡村，忘不了农民。……”那句“这一身血早晚要流回土地里去”的渴望，正是滋养他成长的乡土情怀，把对母亲、农民和乡村的热爱融为一体，在小小的心灵里埋下了一颗对乡土大爱的种子，一旦时机成熟，便抽枝发芽，变成他笔下的一本本饱蘸真情大爱的乡土建筑研究著作。

乡土建筑研究小组成立于1989年。当年，师生们就奔赴农村调研、测绘。那时，乡村交通、通信、商业都不发达，下乡走村调研都凭脚力，电话多是手摇机，村里没有旅店和商店，住宿要自己号房子在老乡家里，十几二十天洗不上个热水澡。为振奋青年学生们的精神，让他们理解和认识乡土建筑的价值，陈先生常常会讲他儿时在乡村的印象，以及乡下的房子，村里的习俗文化，但常常讲着讲着，就会情不自禁地讲起农民的淳朴和对他们的厚待，其中讲得最多的是偷白薯的故事：“我们把从田里偷来的几块小小的白薯请她们煮，她们会端出一大盆煮白薯来，看着我们吃下肚去。我们发烫的脸都不好意思抬起来对她们说声谢谢。这岂是此生能忘记的！”这故事每一届学生都听过，我不知听了多少遍，每听一次都会加深乡村乡民在我心里的分量。而陈先生则把这种情感全部倾注到乡土建筑研究中，倾注在字里行间，不论研究、保护的文章，还是杂文闲谈，读者们都能被他的深情打动。

陈先生的文章在社会上引起很大反响。一批历史价值很高而濒临毁灭的乡土聚落受到学者、公众与官员的关注，被列入国家级文物保护单位，成为我国文化遗产的重要组成部分，陈先生也成为乡土建筑研究和保护的一面旗帜。随着众多研究成果的出版，2000年前后出现了乡土建筑的出版热潮，众多高校的建筑系也将乡土建筑纳入研究与教学体系。

那些读过乡土建筑研究的读者们，纷纷来信来电话赞叹，给予高度的评价。乡土情结在读者心中生成，他们专门跑到乡下探访古村落，寻找逝去的乡愁，甚至自筹经费保护修缮传统村落。那时候，常有地方致力保护家乡的人邀请陈志华先生，希望助力乡村，每次他都毫不犹豫地前往，为传统村落的抢救保卫战加油鼓劲，并为此写下大量村落保护的杂文和散文。

在二十几年中，陈先生始终步履匆匆，笔耕不辍，带着团队与时间赛跑，进行着研究、保护、记录，尽最大努力拯救传统村落，因此，除乡土建筑研究和保护的著述外，还涉及国际文物保护文献的翻译、乡土建筑的杂文等。但不管哪一类，即使是批判性、纪实性很强的文章，虽针砭时弊，却又笔端生情，尤其面对传统村落的破坏，他愤愤之中注满强烈的爱怜情怀，全力呼吁保护，留住农耕文明的遗产。急迫的心情，随处可见。他多次把自己比作一只啼血的杜鹃，为抢救传统村落“子规夜半犹啼血，不信东风唤不回”的决心，让读者无不为之动容。春天的江南，勃勃生机，山河锦绣；秋日里，收获喜悦，硕果累累。

为了乡土建筑的研究和保护，他一只眼睛近乎失明也无怨无悔，却为失去乡间的老房子、老朋友落泪感伤，他的心里装着乡村和那里的人。八十岁以后，陈老师每年会随我们的团队下乡一两次，或春或秋，每次住上三两天。一踏上那熟悉的乡村小路，望见满山遍野盛开的油菜花，听到远村近舍鸡鸣犬吠之声，他就会异常兴奋和激动，挥舞着手臂指点着：这里美呀，快拍下来，拍下来！很多次他都会情不自禁地吟诵：“为什么我的眼里常含泪水？因为我对这土地爱得深沉……”（著名诗人艾青的诗）眼里泪花涌动。而今，年逾九旬的陈志华先生，很多往事都难以记起，唯独儿时八年乡下的生活经历及六十岁之后上山下乡的事，还记忆犹新。每次我去看望，他总不忘问一问村子里的老房子、老朋友，也自然念起母亲的慈爱。我相信，他是用对母亲的热爱拥抱着那片乡土大地，这才有了“六十变法”后乡土建筑研究的升华。

这篇短文没有对陈志华先生文章本身、其思想脉络等做分析阐述，只简单地叙述了陈先生于甲子之年跨界的内在渊源，目的是希望广大读者在了解了跨界背景后，通过阅读原文，细细咀嚼，读懂陈先生这本“大家小书”背后的故事，得到更深透的体会和感悟。

李秋香于清华园

2017年10月

目 录

序跋选摘

代　序[1]

年过八十，终于老了，这才体验到什么叫记忆力衰退，原来它不是“渐行渐远”，而是跟拉电灯开关一样，吧嗒一声，一件事便再也想不起来了。不过，它也会有几次反复，说不定哪天就会有陈谷子、烂芝麻忽然闪进脑子，但是，那些似真似幻的故事要求证便难了。于是，有一些年富力强的朋友就逼迫我写几段回忆录，不写，便不给饭吃。不给饭吃，即使对我这样的老糊涂来说，也是怪可怕的惩罚，我便运气调息，想了一下。

我这一辈子，有三个时期倒是还有点儿事情可记。一是抗日战争时期；二是“文化大革命”时期；三是上山下乡搞乡土

---

① 本文出自作者的《北窗杂记三集》（清华大学出版社2013年出版）之第一二〇篇。

建筑研究时期。正好是少年时期、壮年时期和老年时期。前两个时期虽然也很有些重要的情节，不过那是全民族性的事件，我的经历跟许多朋友的一比，简直是小事一桩，不足挂齿，不妨先把它们撂下。第三个时期，倒是有点儿我个人的特色，虽然未必能吸引多少人的关心，但也会有人觉得有趣。

其实，这第三个时期和前两个时期是息息相关的。正是日寇侵略者在南京杀死了我的三爷爷和小姑姑，也把我从滨海一个中等县城赶到了农村。整整八年，随学校上山下乡，在祠堂里住宿，在庙宇里上课，在老乡家里洗衣服，煮白薯吃。那些淳厚的农妇，以仁慈的心对待我们这些连衣服都洗不干净的孩子。我们把从田里偷来的几块小小的白薯请她们煮，她们会端出一大盆煮白薯来，看着我们吃下肚去。我们发烫的脸都不好意思抬起来对她们说声谢谢。这岂是此生能忘记的！

第二个时期，在学校里遭到了“文化大革命”野蛮的冲击，见到了恶，也见到了善。好在闹了两年多，学校里就要“斗、批、改”了，把我们一批人弄到农场去“脱胎换骨”。农场可是美丽的，有无边的水稻和菜花，有高翔远飞的大雁和唱个不停的百灵鸟。我一下子就喜欢上了这个清爽的环境，心想下半辈子务农也不赖。看来我身上流动着的还是从庄稼地里走出来的父母的血。这一身血早晚要流回土地里去。

祖国苏醒过来不久，80年代初，我就凭着被农场生活唤醒了的对乡土的爱，去找了我在社会学系读书时候的老师费孝通先生，询问他那里有没有机会让我去做乡土建筑研究。看来费先生还有很重的顾虑，没有回答我的问题，只叫我不妨去问问翁独健先生。我以前不认识翁先生，但还是骑着自行车进城到他家去了一趟。他正在藏书室里翻书，我说了来意，他没有停手便摇摇头，我只得辞了出来。这件事正好证明我的愚蠢，那正是“心有余悸”还担心“七八年来一次”的时候，闹什么新鲜事儿。

于是，老老实实回学校，仍然干我的外国建筑史和外国园林史的研究。“隔山打牛”，挺滑稽的，何况只能从老书本上识牛。

好在“上天不负有心人”，一晃几年过去，来了机会。1989年浙江省龙游县的政府领导人居然想到把本县村子里一些高档宗祠和“大院”拆迁到城边上的鸡鸣山风景区去，弄成一个“民居苑”。为了干好这件事，邀请我们建筑系派人去帮他们把那些要拆迁的房子测绘一下。系领导同意了。我从50年代起便负责一门叫作“古建筑测绘”的实习课，当然在奉派之列，带着学生去了。那年代的学生学习努力，工作认真，很快便完成了任务，于是向我和另一位女老师李秋香提出要求，带他们到附近村子里再参观一些古老民居。这建议跟我的兴趣合拍，便答应了他们。

第一个想到的主意是到建德去。大约五六年前，在一次非常偶然的情况下，我认识了建德市的叶同宽老师。他天分高，可惜“成分”也“高”，上不了大学，便坚持自学，终于成材，那时在一个什么政府部门做建筑设计工作。龙游跟建德相近，可是，他在什么部门工作呢，一点也不知道。但我还是带着学生到了建德。从火车站进城，上个长坡，迎面就是园林局，我们敲门进去打听，真是老天有眼，正巧叶老师就在园林局的技术科里工作。

叶老师是一位心肠火热的人，我们把愿望一说，他立即答应接待，先安排好了住宿、伙食，又立马带我们游了一趟千岛湖和一趟富春江，也看了几个小村子。

随后，我们到了杭州，住在六和塔附近，因为我们在六和塔上还有点儿工作要做。

把该做的工作做完，一身轻松，就到浙江省建设厅，找到了当副厅长的一位老同学。谈了一会儿，他知道了我们对乡土建筑有兴趣，就说，他老家永嘉的楠溪江流域有一大批很美的农村建筑，正好，他过几天就要去出差，如果我们乐意去，他可以带上我们。我和李秋香立即决定，先把学生们带到东阳、义乌看看，送他们上了火车回学校，我们就跟这位老同学到楠溪江去。

送走了学生之后，还有三五天时间，我和李老师都不是喜爱城市繁华的人，杭州虽然风光旖旎，毕竟还是一身城市气，于是，立即决定回建德再住几天，看看那里还有什么好的老村子。这一回去，收获可大了，叶同宽老师把我们带到他老家新叶村，对我们此后二十多年的乡土建筑研究来说，这竟是一件“里程碑”式的大事。

我们当时见到的新叶村，简直是一个毫发无损的农耕时代村落的标本，非常纯正。当然，说的是建筑群和它的环境，不涉及政治和经济。它居然还完整无损地保存着一座文峰塔，据说，整个浙江省几百上千个村落就只剩下这么一座塔逃过了“文化大革命”的浩劫。过去倒曾经有过上百座。村子里其他各类建筑如住宅、宗祠、书院等等的质量都很高，保护得也很好。村子的布局，它和农田、河渠以及四周山峦的关系也很协调，简直是一类村子的典型。

我和李秋香都很兴奋，一面走走看看，一面就商量起怎么下手研究这个课题来。

待回到杭州，第二天清早搭上副厅长的车，一整天不曾太耽误，破路上磨磨蹭蹭，赶到永嘉已经天黑了，店铺都早已关上了门。小吃店也都打了烊，敲开一家，求老板给个方便，每个人吃了一碗面条，然后找了一家宿店睡觉。

第二天清早就下乡，楠溪江两岸的村落一下子就把我们抓住了。借一句古诗："此曲只应天上有，人间那得几回闻"，这是我们以后二十多年来对楠溪江不变的赞誉。初看，那些房子虽然都很亲切，又很潇洒，但是，似乎又都很粗糙，原木蛮石的砌筑而已。但是，不知为什么我总忍不住要多看几眼。什么吸引了我？哎哟，原来那原木蛮石竟是那么精致、那么细巧、那么有智慧，它们都蒙在一层似乎漫不经心的粗野的外衣之下，于是就显得轻松、家常。看惯了奢华的院落式村舍，封闭而谨慎，再看这些楠溪江住宅，那种开放的自由、随意的风格，把我们的心也带动得活泼有生气了，仿佛立即就能跟房主人交上好朋友。这真是一种高雅的享受。

我们是从温州乘船到上海再乘火车回北京的。路上，我们兴奋地把一个研究计划讨论定型，只待动手干了。但是，经费呢？怎么办？总得有几个车票钱吧。"一钱难死英雄汉"，这是武侠小说里的老话，连秦叔宝那样的好汉都被逼得上市去卖黄骠马，我们能卖什么呢？只有一辆破自行车！总不能带着学生一起行军吧，好几千里路呐！

几年前建议费孝通先生和翁独健先生领导起来去做的工

作，难道还依旧是空想？放下不做，那可是太可惜了，农村里拆旧建新的风已经刮起来了，我们当然不反对造新房子，但总得留下几处这么美的老村子呀。

在走投无路的情况下，我忽然出了个奇招：先做新叶村，问问叶同宽老师有没有可能向建德的什么单位筹点儿路费。我们精打细算，把人力压缩到最低，第一次去四个人，要四个人的来回车票。

就这样病急乱投医，有点儿滑稽。不料宽厚的叶老师回了信：可以！很快就把钱寄过来了。那时候他是一位极其平常的普通技术人员，甚至还不是正式进了编制的人员。一直到现在，二十几年了，我们跟叶老师见了不知道有多少次面了，我从来不问他，这笔钱是他从哪里筹来的。我隐隐觉得，这钱是他私人的，因为他没有任何理由在公款里报销这笔路费。找人去“筹”？没有一丁点儿借口！是叶老师开动了我们二十多年的乡土建筑研究工作！我已经没有什么好办法去返还这笔费用。数一沓钞票递过去吗？那是亵渎，我宁愿一辈子背着这笔债，活着，就努力干！

我们的工作得到的第二笔经费，是系资料室管理员曹燕女士把卖废纸的钱给了我们，这钱本来是她们的“外快”福利！钱不多，但那是一份什么样的心意！我们买了胶卷、指南针、草图纸之类的文具。

第二年，1990年大约3月底，李秋香带学生动身去新叶村之前，我陪她到海淀街上去买一只摄影用的测光表。那时候我们都不会摄影，尤其估不准正确的曝光量。用的是30年代中国营造学社的老相机，根本没有自动装置。一路上，我们细细地讨论了研究工作的方法和步骤，估计他们这第一次的主要任务便是测绘，正式的调查放在秋天动手，那时候我便没有课了，可以一起去。他们走了，我这个年长的老教师，心里嘀咕着：从杭州到建德去的公路还在修，要乘多少时间的公共汽车？不知道！村子里没有电话，我家里也没有电话，整整一个月，生死不知。唯一可以给我一点宽慰的是毕竟有叶老师在那里，我们都信任他。

大约4月底，或5月初，忽然，一天，李秋香带着学生们回来了。在走廊里，她老远看见我就挥手，高声喊："完全可以成功！"赶紧让她们坐下，问："成功了哪些，测绘还是调查？"答："都做了。"问："可以写成文吗？"答："可以，暑假后完成！"

大约9月份吧！她交出了一整本稿子，五万多字。我连忙看，好家伙，居然只要把照片和测绘图配上差不多就可以成书了。当然，这种工作要做好，去一趟是不够的，有些情况还不够肯定，有些大范围的平面图还要补测。那么，问题又来了，眼看着可以有大成功的事，经费从哪里来？总不能再请叶老师想办法吧？

恰好，台湾允许大陆的人去探亲了。我想也许我可以到海峡对岸去弄点经费来。我去了，带去一本《外国造园艺术》的稿子，在台北的重庆南路找到一家出版商，山东人，卖给了他，拿到几百美元。

回来，我和李秋香带着另外一批学生到新叶村去了，把该补的工作都补上，对这本书的学术价值已经有了铁打般的信心。信心一上来，就坚定地确认，这个乡土建筑研究工作，是应该在全国规模化展开的。全国的展开，不过是我们的傻念叨，但我们自己一个课题一个课题地坚持做下去，还是有可能的。

新叶村的工作快结束的时候，村里的几位老朋友们陪我们造访了十几个村落，最后选定了二十几里外的诸葛村作为下一个课题。楠溪江嘛，只好再待一两年了。

这时候，楼庆西老师自告奋勇，加入到了我们这个小小的组合中来，我们形成了“三人帮”。

第二年春节前夕，我带着新叶村的书稿又到了台北，找到了一个建筑师的组织，跟他们约好，由他们出书，有多少收入都归他们，但先得给我些钱，我好着手往下做。这是高利贷。但我没有别的办法，我想，出了几本书之后，大陆的出版社也会答应做了吧。跟学院申请经费，那是不可能的，在一次学生设计作业评分会之后，有几位教授竟然大声评论我们的工作是“不务正业”，“误人子弟”，“吃饱了撑的”！我们只好听着，万一压不住火，抬起杠来，说不定会闹得连暑期实习的学生都不分配给我们，我们能找谁画测绘图呀！没有测绘图，书的价值可就差了一大截了。

这本书在台湾倒是出版得非常快，但是，想不到，书的作者署名竟是那家建筑师组织的头头了。从头到尾，书上没有我们的名字。为了几个钱的经费，我竟把书的著作权都卖了吗？但我怎么去争呢？隔三差五，警察局的小头目还要到我家找我“聊聊天”呐！我一百零五岁的老母，几十年不见，多少相思，但为了怕那个满脸堆笑的警官，竟舍得催我快回大陆。

正在为难的时候，台北一个大学的建筑系邀我去讲讲我们的乡土建筑研究。我去了，讲了。特别讲了讲我们在新叶村工作的时候，只有四五里路距离的另一个村子里有一组日本人也在做咱们乡土文化的调查研究。他们照相是黑白的、彩色的各两套，一套是照片，一套是录像，一共四套。而我们却只有一个营造学社留下的照相机，用的是黑白胶片。那些日本人，见到我们的寒碜相，笑眯眯地对我说：“你们不必拍照了，以后要什么照片，向我们要好了，我们可以给你们。以后中国乡土文化的研究中心肯定在我们日本。”讲到这里，听讲的学生们就有了点儿动静。我这个经历过整个抗日战争的人心里很难过，大声喊：“不可能！我们拼死拼活，也得把这个研究中心建在中国！”一下子，学生们站了起来，又鼓掌，又呼喊，非常激动，有几个男女青年，走上来围住我，说：“坚持下去呀！”“我们支持你们！”“我们可以去参加工作吗？”我的眼泪哗哗地流，哪儿有什么“两个中国”呀，我们又能在文化工作上一齐打一次抗日战争了！

当天晚上就有一家出版社来了电话，约我第二天早晨在某个餐厅见面。我准时去了。出版社的老板很客气，也不乏热情，说了许多恭维话，目标就是，把我们每年的成果交给他们出版，他们可以预支稿费作为我们的工作经费。我提了一个每年需要大概多少钱的意见，他们同意了。我马上给楼庆西打了个长途电话，问问学校这件事可不可以做。第二天，来了答复，说是完全没有问题，连什么什么人的钱都能要。于是，这件事就定了，我写了个条子，签上我的名字。我要的每年的费用比我们在新叶村的花销高一些，因为考虑到还要把工作面扩大，应该到更远的地方去开辟。那样，不但交通费要高得多，而且不可能都像在新叶村那样，受到乡亲们的热情接待。人总是要吃饭的，还要睡觉，吃饭睡觉都要花钱，这是硬道理。甚至，我还想到，如果能一年完成两个或者两年完成三个课题，我们还可以有一份书稿自己另找出版社，在大陆试试如何！

有了点经费，多了一个人，我们就同时开展了两项工作：诸葛村和楠溪江中游村落的研究。

工作经费有了，就要动手干。不料，一年前把我们带到楠溪江去的当副厅长的老同学却忧心忡忡来劝阻我们了。他说，他是用小车把我们带去的，那很安全，而我们带着十几个学生乘长途汽车去，那可不行。因为，这条路线上，当时的记录是平均每天要发生死人的车祸八次，太危险了。不死，丢一条胳膊也够呛！

但是，楠溪江的村落太美了，人文气息太可爱了，不写它们，我们的工作会留下永远的遗憾。我们横下一条心，非去不可。不过，我们让了一步，包一辆中巴车去，毕竟有了出版社的预付款。那天很早钻进车厢，门一闭合，我们多少还有点玩命的感觉，“风萧萧兮易水寒”，生死由天。那车太不争气，大约是烂泥公路太颠簸了吧，一路抛锚，一路修理，晨前五点从杭州出发，后半夜两点钟才到永嘉。车子在瓯江边上修理的时候，我们见天上好大一个月亮，才知道那天是中秋节。

到了楠溪江中游一个预约好了的蘑菇罐头厂，吃了一点东西，倒头睡下。天一亮，就起来，按计划开始工作。男男女女的同学们，利利索索，神气活现，不喊累，不迷糊，我们看在眼里，喜欢在心里。

就这样干了两年，成果出来了，厚厚的一份楠溪江的稿子，交给了台湾那家预付了钱的出版社。诸葛村的嘛，还得再干一年才行。

不久，书倒是出版了，美编大过了一把瘾，把正正经经的学术著作的版面弄得花里胡哨，“桃红柳绿”，像儿童读物。原来，这家出版社就是以出儿童读物为主的。署名呢，封面勒口里面倒是有短短一排小于臭虫的字印着我们所在学校的名字。要找我们几个工作者的名字可难了，原来印在勒口的背面，也就是从来都空着的夹缝里，称呼是“主持人”，模模糊糊。字的大小嘛，大约和跳蚤相仿。倒是并不寂寞，因为有杂志社全体三十一位工作人员的名单陪着我们，包括资料、印务、业务、财务等。只是没有清洁工。

更叫我们心里难过的是这些书在大陆不发行，买不到，而我们本来是希望我们的工作能引起社会注意，推动研究抢救下一些村子。

我们看了这部书很吃惊，但是，我们毫无办法，我们还需要他们的预付稿费，否则，我们怎么工作呢？对于我们工作的价值，我们决不动摇，但我们的困难和坚持，有谁知道，有谁理解，有谁能帮助呢？

于是我们只好豁出去了，不动声色，继续向这家出版社交稿子，一年一本，换取他们的出版和预支稿费，更要争取乡土建筑被人认识和重视。当时，我们的共同追求，就是只要这件乡土建筑的研究工作能够继续，能够逐步被理解，我们就心满意足了。我们毕竟是为了国家的文化积累和民族文化的提高而工作的，如果仅仅为了我们自己，我们早就另干别的了。

不过，事情很不顺利，出了四本书之后，继续把一本又一本的稿子陆续送去，而且是题材比较好、资料比较丰富的，却一本又一本地积压着，十几年过去积压了将近十本了，还没有出版的消息。一次又一次的追问，都只有模模糊糊的应付。我们并不图因这些书的出版一下子成了大名人，发了大财，但我们确实希望这些书能促使更多的人认识乡土建筑的价值，一起来动手研究，一起来动手维护。我们不是为了游山玩水颐养身体而上山下乡的，我们为交过去的稿子像石沉大海而焦急。

好在我们还留了个心眼儿，那家台湾出版社每年提供的费用做了一个课题后还能剩下一点，我们拿余钱再做一个课题，精打细算，吃苦耐劳，一年或者两年可以另外多写一本书，这成果就可以由我们自己处理了。英国有一家基金会给寄了三次钱来，在依规矩交了学校什么科室的“提成”之后，其余全部都用到了工作上，而且仍旧是精打细算几乎到了苛刻的程度。

参加了上山下乡做测绘的男女学生，吃苦耐劳，没有半句怨言。到福建去工作，一位学校足球队的队长，饭量大，每餐吃了一大碗干饭之后，就“暂息”了，等大家都吃够了，放下筷子，他再来把大碗小碗打扫干净。

又一次，在陕西，调查黄土窑洞，也有两位大小伙子没有吃饱。有一天，正好需要到县城里去找资料，就叫他们俩搭伴去，特别叮嘱他们，“工作细一点，不着急回来，午饭在城里吃，吃好一点，记得要发票，回来找李老师报销”。不料，午饭前他们就赶回来了，跑得气喘吁吁，汗流浃背。李老师一看见他们就把嘴唇咬得紧紧的了。

其实，同学们早就知道我们缺钱，总是帮我们节省。第一次到楠溪江工作的时候，乡间只有机耕道，也没有公共交通车。哪天工作的地点远一点，就得早早起身去抢雇一辆三个轮子的“蹦蹦车”。比四个轮子的便宜了一半多。车小人多，大家就站着，车底盘又很单薄，所以这一辆车上重下轻。机耕道上老车辙一层叠一层，“蹦蹦车”几乎是跳着舞走，真是“蹦蹦”得厉害，有过好多次险情。有一天，在我们前面有一辆“蹦蹦车”，扬起漫天尘土。我请司机开慢一点，跟前面的车拉开点距离。不料，走着走着，忽然前面没有那尘土了。我们把车开上去，下车一看，那辆“蹦蹦车”掉进江里了。幸好天旱，江边露了土，没有发生大事。出了这样的险，同学们仍然十分镇静，没有过一句扫兴话。

诸葛村的工作做完了，我们就到江西省婺源县去了。楼庆西先从安徽过去，我和李秋香为了顺便看望叶同宽老师，便乘汽车从建德、开化过“十八跳”这条路。不料，到了衢州，再向前去就没有公交车了，因为这一路当时土匪猖獗，车辆已经停开了。小客店老板说，土匪怕官，所以都知道哪些牌号的车不能抢，这路上，一个礼拜总会有几辆不能抢的车来往，运气好了，可以搭上回头车。我们在路口等了三天，终于等到了一辆回头空走的公家车。坐上车，司机叫我们把照相机、钱包等等放在明处，万一土匪来抢，立刻奉上，就没事。那天在车号的保护下，平安到了婺源，住在清华镇。后来在那里住了十多天，公安分局的头头们叫我们雇用他们的囚车跑点，可以万无一失，一天二百五十元，否则难保安全。我们接受了这个建议，鬼哭神号般地跑村，但他们不给任何凭证。有这样几天的囚车经历，倒也是一辈子的有趣话题。

有学生们的努力，我们把出版社提供的费用精打细算，再加上中外朋友们的零星支援，终于陆陆续续又额外挤出了几本书稿来。这时候大陆的出版社有了点活气，三联书店、重庆出版社和河北出版社，陆陆续续把我们用余钱写的几本书拿去出版了。毕竟乡土建筑自有它很高的历史价值和艺术价值，这些书多少引起了一些大陆学者朋友们的留意，产生了一点点影响。渐渐地，以村落为单位的综合了地理、历史、文化的乡土建筑研究终于成了乡土建筑研究的正宗、主流，取代了单纯的艺术性或者技术性的以单个建筑为题的研究，于是，乡土建筑研究的价值、地位大大提高了。在我们的推动下，乡土文物建筑的保护，也以整个村子为单位了。住宅、寺庙以外的农业生产和农村生活所必需的建筑，受到了研究者和保护者的重视。在这种形势下，我们依靠二十多年的经验，提出了乡土建筑作为文物时的保护原则和方法，这原则和方法也已经被文物主管机关认可、接受，成为主流而普及了。

从浙江省新叶村开始的乡土建筑研究终于成了这个领域的开拓者，虽然我们最重要的代表作或者只在台湾印了几本，或者还把稿子压在台湾的出版社。

这时候，我们这个小组又添了一个罗德胤。

正在这口子上，发生了三件叫我们高兴的事。第一件，台湾那家出版社息业了，不得不把积压在他们那里的我们几本书的原稿送到大陆清华大学出版社来出版了，也因此不得不按照大陆的出版规矩标明我们三个人是这些书的作者了。一出版，就有两本书得了碰头彩，一等奖。可惜书的装帧设计还是那家台湾出版社做好了的，把书搞得很贵，又不成样子。第二件，清华大学出版社决定把二十年前我们在台湾出版过的四本书重新出版了，印制都比较精致大方，没有了儿童读物式的花哨，像正经的学术著作了。同时，也正式标出了它们的作者的名字。第三件，更加重要得多的，是我们得到了老同学主持的规划设计院的经济支援，谢退了台湾那家出版社的钱了，我们只要实实在在地工作，像一个真正的学术工作者那样实实在在地工作就行了。

但是，还是有新的问题冒了出来，咱们大陆的出版社忽然改制了，都要我们支付出版费才能出书，价码可不低，于是，我这个老头子就不得不再去募化。向人讨钱，毕竟不是愉快的事情，有时候难免斯文扫地。好在早些年已经把读书人的傲骨粉碎了，既然能在权力前为苟生折腰，当然更不妨为抢救文化遗产把腰对折，来个“百炼钢成绕指柔”。

乡土建筑研究是一个十分有价值的工作，我们的方法原则也大体在前二十年里成熟了。我们国家有几十万个村落，乡土建筑变化多端，到现在连它有多少个大系统都没有摸清。应该做的事太多了，而在当前的建设中，开发中，乡土建筑又遭到大规模的破坏，日夜去抢救还来不及，有一搭没一搭地在挣钱之余顺手做些工作是万万不行的。我们要的是工作成果，不是要出几个声名赫赫的“专家”“学者”，名留青史而又口袋饱满的。

真学者都是老实人，缺心眼儿的！

但是，家徒四壁，这最后一段黄泉路怎么走？唉！

2010年5月

乡土建筑研究

兰江岸边[①]

我们所研究的诸葛村在浙江省兰溪县的西部，是“古今第一良相”诸葛亮一支后裔聚居的血缘村落。[②]建村之初，曾经称为高隆村，显然从诸葛亮高卧隆中的事迹隐括而来，到明代后半叶，渐渐转向以姓氏为村名，这是当地普遍的习惯。

兰溪县属金华府，即婺州，位于钱塘江的中上游。钱塘江的中游叫富春江，溯江而上，富春江在严州府（今名梅城镇）分为新安江和兰江（又名瀫水）。唐代诗人杜牧有句：“越嶂远分丁字水，腊梅迟见二月花。”清代诗人赵锡礼也有句：“江流燕尾分还合，山扫蛾眉断复连。”这“丁字水”

---

① 摘自《诸葛村》，河北教育出版社2003年出版。

② 诸葛村现有人口5000，其中2700人为诸葛氏，是目前已知的最大的诸葛氏聚居村落。外姓人是随着清代诸葛村商业的发展而陆续迁入的。

和"燕尾"，说的就是严州府的水形。新安江自西流来，上游便是经济和文化都很发达的皖南。兰江自南流来，上游有婺江和衢江，分别来自东南方的婺州和西南方的衢州，都是富庶的浙江省的腹地，它们相会在兰溪城的西侧。

兰溪县治在严州府南不足百里，舟楫半日可到。《光绪兰溪县志·形胜》里写的兰溪的山形水势可谓十分雄壮：

> 兰溪由金华玉壶山翔舞起伏，直走大河之滨，融结为县治。后枕层峦，前挹九峰，西北则寿昌、建德诸山，排衙列戟，周围环拱。兰阴一山，屹立横亘，近如屏障。衢、婺两港皆数百里奔流至此，汇成巨渊。

但是，位于丘陵区的兰溪，县境内并不利于农业。《光绪兰溪县志·田赋》说：

> 邑当山乡，罕平原广野，涧溪之水易涨易涸，往往苦旱。厥田惟黄壤，厥赋中下。

兰溪县的农业处于中下水平，然而从宋室南渡以来，人口压力却逐渐增大。《宋会要》说："渡江之民，溢于道路。"《建炎以来系年要录》则说："四方之民，云集二浙，百倍常时。"据光绪《兰溪县志》，北宋大中祥符年间，兰溪县人口主客户共一万九千三百三十三户，南宋绍兴中为二万二千九百六十一户，净增三千六百二十八户。

正像晋商和徽商一样，故土的不利于农业，迫使他们在商业上求出路，终于成了全国最大的封建性商帮，兰溪也有大量的人弃农从商。兰溪人经商占有地利，它和皖南的徽州、赣北的景德镇、江南的苏州和本省的杭州，都相去不远。这些城镇，从宋、明以来，都是商业和手工业最发达的，兰溪与它们都有水路交通。它北邻的严州城在南宋就有水驿站，叫瀫水驿。诗人杨万里从江西奉诏赴杭州行在，乘船在瀫水驿夜宿，写下了几首诗，其中一首：

系缆兰溪（兰江）岸，开襟柳驿窗。
人争趋夜市，月自浴秋江。
灯火疏还密，帆樯只更双。
平生经此县，今夕驻孤艟。

灯火帆樯，且有夜市可趋，严州这时候已经相当繁华了。

兰溪也有重要的陆路交通。明清时期，从北京到福州的驿路经过兰溪城，有驿站，名为兰皋驿。它的马站有正马与备马各二十五匹，马夫二十五名，防夫六名。

有这样的地理位置和交通，所以，元代邑人王奎作《重建州治记》说：

> 然其地当水陆要冲，南出闽、广，北拒吴会，乘传之骑、漕输之楫，往往蹄相劘而舳相衔也。

因此，农业容纳不下也养活不了的人口，纷纷转向商业和手工业。

兰溪的手工业和商业发展相当早。唐开元元年（713）陈藏器著《本草拾遗》就说“火腿产金华者佳”，金华火腿大量产于兰溪。北宋《太平寰宇记》说：“酒出兰溪美。”南宋周密《武林旧事》里提到“兰溪酒曰瀫溪春花”，《谈荟》也说“兰有瀫溪春酒”。这些都是农产品加工。真正的手工业则有北宋熙宁年间在县东开铜矿，在兰江边建造船场，为浙中造船中心。据张秀民著《南宋刻书地域考》，兰溪是婺州四个刻书点之一（另外三个为东阳、义乌、金华）。又据《浙江通志稿》，纸币的使用，也始于婺州，初见于宋绍兴元年（1131），时称“钱关子”。因为婺州屯兵，到杭州贩运的商人向婺州地方政府交现金，换取“关子”，到杭州兑现。关子初时是一种汇票，后来成为货币。

到了明代后半叶，随着东南一带资本主义经济兴起，兰溪的手工业和商业更加繁荣。兰溪一县的赋税将近金华府八县总数的三分之一。万历《兰溪县志》说：

> 业手工者为攻金之工、攻石之工、陶工、冶工、缝衣絮业之工、捆履织席之工。
>
> 近而工商者籍籍也，远而业商者，或广、或闽、或川、或沛、或苏杭、或南京，以舟载比比也。

本志载，当时兰溪有机户四百七十一户、匠户一百六十三户、纸户五十七户、窑灶十七户。光绪《兰溪县志》则说，明代兰溪有“住坐”匠人九十三户、“轮班”匠人五百九十四户、“存留本府”织染局机匠共一百六十三户。这在当时是比较多的。

明清易代之际，浙江遭到严重破坏，婺州更有“金华三日”的大屠杀，酷烈不下于“扬州十日”。明末清初大戏剧家李渔[1]（1611—1680）诗《婺城乱后感怀》说：“有土无民

---

① 李渔籍兰溪下李村，距诸葛村约十五里。

谁播种？孑遗翻为国踌躇。”但不久经济便有所恢复。康熙四十四年（1705），兰溪发生了染踹工匠罢工，平息之后，立了一块“禁碑”，碑文里说：

> 兰邑商贾环聚，人烟稠密，而布铺一项，需有染坊七家、踹坊十家、工匠三百余人。

这规模很不小了。到乾隆十四年（1749），兰溪人开设祝裕隆布店于邑城，后来在金华、龙游和本县游埠镇都有分号，这是早期的“连锁店”。

由于兰溪的特殊地位，四方商贾纷然而来。康熙四十八年（1709），在兰溪设闽南公所。乾隆十六年（1751），设江西会馆；二十一年（1756），设新安会馆。此后，陆续有越郡公所、江南公所、四明公所和东阳、义乌、永康、台州等会馆。其中，徽州人（新安人）与兰溪的关系尤其密切。早在明代，万历《兰溪县志》说：“徽贾纷集，市兴矣！”徽州人对兰溪商业、银钱业和典当业等的发展起了不小的作用。正德年间邑进士章懋[①]进贡明武宗的蜜枣就是徽商泰荣漆号精

① 章懋，渡渎村人，成化丙戌进士，授编修，以谏震朝野。四十一岁退居林下，讲学于枫木山中。弘治十四年（1501）起为南京国子监祭酒。

制的。清道光三年（1823），徽州人程圣文在兰溪开墨店，产名墨。

兰溪商人也分赴外地建造会馆，如扬州。李渔撰扬州兰溪会馆联：

一般作客，谁无故土之思，常来此地会会同乡，也当买舟归瀫水；

千里经商，总为谋生之计，他日还家人人满载，不虚骑鹤上扬州。

渲染故土之思，渲染满载还家，反映出当时的商人虽然不辞千里谋财，依然是封建性的，观念中还设有摆脱土地的束缚。

太平天国战争，浙江省破坏惨重，兰溪也遭大难。光绪《兰溪县志·序》说："咸同之间，历洪杨大劫，民人存者仅十之三，田地多温、台客民垦种。"（前知县秦簧撰）幸而灾后恢复很快，同治年间兰溪已经有银楼二家、钱庄十五家，光绪时，典当业兴起，兰溪有码头三十二处，甚至有了专业的码头，如药业码头、煤炭码头等等。

兰溪城的繁荣带动了县境内一些村镇的繁荣。早在明代，章懋在平渡镇[1]渡口的《待渡亭碑记》里写道："凡四方舆马之经行，负担之往来，日以数千。居民数百家，咸以货殖为业。"另有香溪镇，万历六年（1578）建制为镇，设巡检司和税司，得税为县城税收的五分之一多。离诸葛村只有十五华里的永昌镇、离诸葛村四十余里的游埠镇，也都是工商业很繁荣的大镇。

兰溪的各行各业中，有一项很特殊而又很发达的行业，就是中药业，当地人俗谚说："徽州人识宝，兰溪人识草。"草就是中药。康熙《兰溪县志》记载，明代上交两京礼部药材有半夏、前胡、穿山甲等十种。光绪《兰溪县志》则记万历六年杂赋中有药材十二种；记载兰溪物产，有药属三十七种，其中说到岘山出产红党参。诸葛村就在岘山脚下。但兰溪人主要是经营药材，开药店批发、贩运，并不重视种植药材。据《兰溪实验县商业概况》（1935）说：

> 浙东各县多产药材，因兰溪交通便利，多集于此……甚至闽、赣、皖南，需要药材亦皆仰给焉。且本县习药业者亦较各业为夥……凡浙东各县药店，兰溪人开设者实居

---

① 平渡镇即今女埠镇，离城八里；明洪武二十六年（1393）建制为镇。

多数。

到各县或外省开设药店的兰溪人形成父传子、亲带亲的“药帮”，有专门的行话，叫“药切”。在县城，有一个瀔西药业公所，于清乾隆九年（1744）建立了一座一千多平方米的药皇庙。道光十九年（1839），公所在兰江建船埠，设义渡，称药皇渡。

世代经营药业，精通中药的鉴别和加工炮制，带动了医术。早在宋代，兰溪县城就有药局，“储药饵，以施济百姓之疾苦者，名曰惠民药局”（见光绪《兰溪县志》）。康熙《兰溪县志》则记载了一所医学，“医学旧在三皇庙侧，元初设学，即宋之官酒务基而建三皇庙，因设医学以附其侧，由其主祭”。历代名医辈出，宋代就有郭时芳，“回生起毙，百不失一”；元代有何凤为婺州医学教授；王开在大都的公卿间行医二十余年；明代以后就更多了，而且有不少著作传世。

兰溪县的药业从业人员中，诸葛村人又占了绝大多数。“瀔西”指的就是兰江以西，诸葛村是瀔西最重要的药材专业村。

1992年

来到了关麓村①

自从研究乡土建筑以来，每次选题，我们都向偏僻的地方去找，找那些被冷落了的村子，因为它们最容易在无声无息中消失而不留下一点点资料。1994年春末，结束了江西省婺源县的第二轮工作，该寻找下一个课题了，我们还是没有打算到相邻的歙县和黟县去。那里的民居，早已驰名国内外，用不到我们去关心了。

仅仅是为了过路，我们到了屯溪。屯溪市城乡建设委员会的陈继腾先生陪我们到歙县和黟县的几个著名村落看了一看。那些村落的完整、房屋的精美和文化含量之高，确实非常难得，但没有使我们动心。村落密不透风，封闭的小巷遮没了所有的住宅，只有在水塘岸边，那些住宅才得以喘一口气，展现

① 摘自《关麓村乡土建筑》，台北汉声杂志社2002年出版。

它们的个性。这样的村落太教人感到沉重。虽然学术工作的选题不能以个人好恶为准，但既然可选的题材还很多，我们何必不找一个能使我们激动的。

陈继腾先生曾经亲手测量过黟县全境，熟悉那里大大小小的村落。终于有一天，他带我们到了钱塘江水源西武岭下的关麓村。这是一个默默无闻的小山村。

刚刚进村，我们就被吸引住了。三十几幢住宅，疏疏朗朗，大多舒舒服服亮出自己秀丽多变的身姿。有生气勃勃的马头墙，有柔和而富张力的拉弓墙，还有的墙像破浪前进的船头，弧形的，缓缓地弯过去。在这些墙头跌宕起伏的轮廓之下，我们见到了一个精雕细刻的水磨青砖门楼，又一个，还有一个，一个挨着一个，一个比一个漂亮。一条小溪，哗哗地从它们前面流过。溪上的青石板桥，对着一座八字墙门，门边白粉墙上漏窗里探出一枝鲜红的天竺子。沿着小溪走，溪边石条凳上袒开古铜色胸膛的人们，微笑着招呼我们。村里，院墙后东一株枇杷树，西一株柿子树，掩映着楼上细巧的格扇窗。棕榈树的叶子，在粉墙上投下图案般的影子。在竹林沙沙的轻声中，我们推门进了几户人家，大多是三合院，素净清雅，尺度宜人，十分安逸。意想不到的是，堂屋里、卧室里居然都有满顶满壁的图画，幅面都很大，有“百子闹元宵”，有“九世同居”，还有我们说不出名堂的壮观的战争场面。最教人感到家庭生活的温馨的是婴戏图和母婴图。天真的娃儿，一只手捂住耳朵，一只手去点燃爆竹；或者依偎在妈妈的怀里，享受妈妈粉腮的抚爱，年轻的妈妈，脸上洋溢着慈祥而幸福的光彩和母性的庄严。天棚上或是嬉水的鲤鱼泼刺，或是穿花的蛱蝶翩跹，也有山水和花鸟。我们以前只知道徽州建筑的“三雕”，就是木雕、砖雕和石雕，从来没有听说过彩画，这次一见，大感惊喜。家具不但都是古色古香的，而且完整成套。堂屋里的条案、八仙桌、太师椅；卧室里的满顶床、净桶柜、梳妆台、衣橱，都还闪亮着硬木和黄铜配件的光芒。连陈设和许多日常用品都是老年代的，条案上的掸瓶、插屏、座钟，书房里的砚台、笔架、水盂，一一都在，而且还照传统的方式放置着。

我们虽然喜爱乡土建筑和乡土文化，研究它们，给它们做记录，但是，我们一向并不希望看到生活停滞不前。这种心情一直是非常矛盾的，有时候很困扰我们。不过，见到关麓村这样一个难得的古老乡村的标本，我们还是觉得很幸运。

在溪头，我们遇见了一位粗手粗脚的老人家，向他请教，那么精彩的壁画是由什么样的人来画的呢？他回答：请漆匠呀！然后微微一笑，说，齐白石不就是画这种彩画出身的吗？我们听了，心中不觉一惊，立即决定把关麓村选作下一个研究对象。按照我们一贯采用的工作方法，我们选题，希望村落保存得比较完整，比较典型，有丰富的历史文化内涵，更希望它还保存着宗谱。但是，关麓村的宗祠、庙宇、文馆之类都已荡然无存，宗谱也在“文化大革命”中完全毁掉，我们选定它的时候却没有考虑这些。我们准备不惜为它修正一下我们的研究方法。

到了秋天，田头的柏子树像火焰般一簇一簇燃烧起来的时候，我们开始了关麓的第一轮工作。我们住在村子中央一个农家里，天气已经很凉，两人合盖一条短被，盖不住脚丫子。好在工作顺利，豆浆很浓，白薯又很甜，日子过得快活。将近一个月的时间里，我们测绘、摄影、访问，认识了许多朋友，得到了他们热情的帮助，尤其是汪亚芸先生、汪景恒先生和汪祖武先生。汪亚芸先生七十岁出头，年轻时在屯溪的绸布店里学徒，后来当了兵，50年代回村安居，孑然一身，喜好读书，尤其注意文史，所以不但对村里情况知道得多，而且对徽州一般的风尚也比较了解。他把珍藏的乡人的书信、短笺、账单、婚书等等借给我们看，最有价值的是乾隆三十三年（1768）一份分家阄书。汪景恒先生是中年人，四十岁不到，在村里当电工，因为他父亲觉民先生（1989年去世）长期在村里当私塾和小学教师，对村里情况最熟悉，所以他也听说一些。他借给我们觉民先生写的一份关于村子建筑情况的短文，还把秘藏的一幅祖先画像和敕封诰命给我们摄影。汪祖武先生刚刚六十岁，从县电影放映队退休回家，住在关麓村东一华里的宏田村。他父亲也曾经在关麓村当过私塾和小学教师。他读书多，知识丰富，兴趣广泛，因为自小不曾离乡，又颇留心，所以知道很多村里的事。他的住宅是一所大四合院，有前后两个大花园，种着珍木异卉，还有一口不小的鱼塘。我们去拜访的时候，推开门，满院的菊花正开得热闹，照得人眼花。我们在他家里抄录了一个房派的谱图，宗祠的楹联，祖坟的碑文。他送了我们一份几年前他写的关麓村住宅调查报告。

这轮工作，收获不少。原来关麓是一座十分典型的徽商血缘村落，在清代，作为主姓的汪姓人家全都从商，经济很宽裕，少量农田由外来的小姓耕种，他们是佃户或者佃仆，佃仆对主家有人身依附关系。徽商一向以儒商自许，知书达理。他们的乡里生活，有相当高的文化品位，以至小小的村里竟有十几幢“学堂屋”。这个村落，从选址定居、结构布局、房屋的类型和形制，直到住宅里的家具、陈设和各种日常用品，都鲜明地反映着徽商的家庭生活方式和文化修养，也反映着农村中的社会阶级分化。过去，村子的公共生活很发达，这是农业社会里封建宗法制的传统文化和徽商的市井文化的特殊结合。这样的公共生活也同样鲜明地反映在村落的规划和建设上。虽然关麓村的宗祠和庙宇等等已经在近几十年里全被破坏，但它的住宅区却还保持着旧貌，没有多大变动。

看来，巧得很，关麓村的种种特点大体上符合我们研究工作的选题要求，我们没有必要修正我们的工作方法。这使我们非常高兴。

过了些日子，我们更加见识到关麓村住宅建筑的精致。除了彩画和门窗格扇之外，牛腿、灯笼钩、花架、垫斗、压画条也都有很高的恰如其分的装饰性。青砖雕花门头更是丰富多彩。在其他地区很少见的固定式家具，尤其独运匠心。作为富裕的徽商的家，这些住宅里不但有壁橱、百宝格、神龛、吊柜和床铺，此外，窗台有暗设的小屉子，床铺后有秘室，樘板里有夹层和暗门，等等，都设计得非常机智巧妙。

我们到家家户户楼上杂物堆里去翻看，有一二百年历史的瓷灯台、整套的瓷餐具、烛台、气死风灯、灯笼、鱼缸、糕饼模子，还有玲珑精巧的各式鸟笼。有些鸟笼像座宫殿，里外两三层。这些东西艺术质量之高，使我们大为兴奋。连粗制的日用竹木器，如筷子筒、蒸屉、提篮、水勺、斗笠、烘笼、小板凳、儿童便器等等也无不使我们钦佩制造者的智慧，并且感到极大的审美满足。

我们在婺源工作的时候，听说过佃仆制，在关麓，我们亲眼看见了旧时给人吹唢呐的乐户、照料新婚夫妇的红婆和被买来的不知自己姓名和年龄的丫环。我们竟有机会为一位八十七岁的佃仆送终、送葬。

但是，我们仍然十分遗憾，因为关麓汪氏的宗谱确实已经没有了。这使我们难以了解村子的历史。

第二年5月初我们再去的时候，又见到了一幅奇丽的景色，整个黟县都浸没在金黄色油菜花无边无际的海洋里了。大地那样恣肆放纵地展现它的灿烂和辉煌。我们高高兴兴住进了农家，开始第二轮的工作。老朋友们更加亲热，新朋友多了起来。终于有一天，一位新朋友，汪祯祥，从柜子里翻出两本秘藏的线装本子给我们。毛边纸，对折八行，红丝栏，用毛笔书写，里面除本房崇德堂派的谱图之外，全是他祖父的杂记，内容涉及祭祀、请封、商业经营、房地产、善行义举、乡贤行状、买卖奴仆、婚娶丧葬、社会治安等，它们比宗谱更详尽、更具体、更贴近生活，非常生动地刻画了从清道光年间到民国年间徽商乡里的生活情景。读着这两册杂记，我们兴奋不已。花几天时间抄录完毕，我们就到处去询问有没有类似的本子，先后竟又借到了几本，可惜都没有汪祯祥这两本无所不录的杂记，而只有几个房派的谱图，叫作“祖宗本子”。不过，它们毕竟使我们多知道了一部分关麓汪氏的谱系，从而推断了一些事情的大致年代。我们的研究条件终于还是勉强具备了。

对关麓和附近的村子的了解越多，我们越为黟县农村过去堂皇的建筑景观感到吃惊，简直不可思议。关麓村的宗祠、庙宇、文昌阁、学堂、牌坊，等等，曾经组成绵延二里多的壮丽的建筑群。它们是徽商故里社会历史的见证、文化建设的丰碑。而离关麓村不过五里七里，还有更大更繁荣的村子。只是经过近几十年的社会大变动，它们中有许多竟连废墟都见不到了。虽然遗址上油菜花那么繁密可爱，我们心中依然惆怅万分。寻寻觅觅，只在路边捡到一块残石，模模糊糊可以辨认出雕着一头狮子。汪祖武先生说，那是当年辅成文会泮池边的栏杆柱。辅成文会是一幢大门为五凤楼的三进的大建筑物，包含文昌阁、乡贤祠、明伦堂、义塾和花园。50年代中期，村里的当权人为卖瓦片把它们拆掉时，竟动用了劳改犯。

汪景恒先生给我们看几份资料，其中之一是发表在《黄山》杂志1988年11月号上的一篇文章，题目叫“风沙向小桃源袭来”，作者余治淮。文章写的是关麓村汪氏总祠和村前去西武岭的古驿道的破坏经过。他先是描写汪氏总祠的“巍然庄重”和它前面月塘的“绿荷满池、芙蓉多姿”，然后说：

不料，时光转到了风光明媚的1983年，古祠和月塘却飞来了一场灾难。生产队长姜某，借口年久失修（按：所谓年久失修，就是两年前姜某揭卖了祀厅后坡的瓦，以致梁架遭雨淋朽），召集一伙人，擅自将宗祠拆毁，将砖、木、石料兜卖一空，发了横财。村里人愤然联名上告，开始姜某还提心吊胆地过了一段日子。可县里对关麓村人民的来信……如同泥牛入海，这件事不了了之。农民们是最讲实在的，队长可以带头拆祠堂、卖公产，他们又为什么不可以损公肥私呢？于是，月塘周围的二十四根石柱，一百零八块栏板也就今日三、明日四地进了寻常百姓家，派上垫脚石、砌墙脚的用场了。

古人以修桥补路视为人生最大的善举和功德……旧时各村都立有乡规民约……1979年冬天，岭下村二十余户农民要建造新屋，他们打上了西武岭古驿道的主意。开始人们还是悄悄地撬走几块断裂的石板，后来，大伙一哄而起，一夜之间，一段长达五十余米路面的条石被撬挖掳掠一空。冬去春来，这段被毁的古驿道，坑坑洼洼，雨水冲刷出一道道曲曲弯弯的沟壑，像是雄关（按：指村后西武岭上的西武关）用泪水描绘出的一个个留等人们解答的问号。

问号问的是什么呢？作者没有说。

这篇文章发表之后，又过去了一二十年，现在的情况就更加凄凉了。而且村村如此，不独关麓。关麓村中，连那条全村人赖以生活的小溪，也变成了秽臭的垃圾沟，水牛泡在溪里便溺，修理房子的碎砖烂瓦也往里扔；两岸的石条有些已经挖走，有些已经倒坍。住在那些足可称为文化珍品的房子里，人们对它们的精美毫无感受，不但不去爱惜它们，反而天天用很粗暴的方式在摧残它们。明万历进士谢肇淛经桃源洞进黟县盆地的道中，写了一首诗：“春风篱落酒旗闲，流水桃花映碧山。寄语渔郎莫深去，洞中未必胜人间。”照这些年的情况继续下去，曾经被称为小桃源的黟县，真是未必有什么胜景，不堪再深去了。要问的：一个问题是何以至此，一个问题是如何重整。

提这样的问题或许是不适当的。但这情况更反衬出我们工作的重要和急迫。我们还是加紧干罢！

1995年秋

徽商村里的生活①

徽商，无论是资本还是人手，都在不同程度上依赖宗族关系，作为商帮，他们的封建色彩很浓，一般仍扎根于宗族居留的那方土地。他们长期在外面奔走，但把妻儿老少留在故乡。故乡是封建而保守的。康熙《徽州府志》主撰人赵吉士在《寄园寄所寄·泛叶寄》里写道："新安各姓，聚族而居，绝无一杂姓搀入者，其风最为近古。……父老尝谓，新安有数种风俗胜于他邑：千年之家，不动一抔；千丁之族，未尝散处；千载之谱系，丝毫不紊；主仆之严，数十世不改，而宵小不敢肆焉。"康熙以后三百年间，变化甚微。

封建传统销蚀着商业资本的积累。徽商在外服贾有了积蓄，常常要带钱回家买些土地，建造房屋。土地不多，眷属大

① 摘自《关麓村乡土建筑》，台北汉声杂志社2002年出版。

多不耕种，佃给小姓，收取租谷。徽州的村子一般都是血缘聚落，但村子里总有些外姓人，他们大多是来自外地的穷困农民，势单力薄，是为小姓。关麓村的小姓，多从安庆、怀宁、铜陵、潜山一带来，被称为“江北佬”。来时孤身，一扁担家私，在承租的地块上或者村边搭草棚暂栖，也有住在东家家里的。住稳了之后，把家小接来落户，在村边造一些小房子。东家的租谷不一定都能收上来，如汪丕鉴在他手记本中的《遗嘱》里说：“田租四百余砠，实收一百宽余砠；豆租一百余砠，实收三十余砠。”有些凭中买的田地，远在祁门，从来不曾亲见，租谷更无从收起。商人眷属并不完全靠租谷生活，主要靠商人定期由职业“信客”送来的汇款，关麓人称为“吃信壳”。商人只把土地当作不怕偷盗的财富来储存罢了。[①]

承租的佃户中，有一部分叫作“臧获”，他们对东家有一定的人身依附关系，也称“伴当”、“庄户”或“佃仆”。他们与东家的关系，世代传承，所以赵吉士说“主仆之严，数十世不改”。[②]这些人除了租田纳谷之外，还要给东家无偿服劳役，主要是各种贱役，如男子要抬轿、扛丧（即抬棺，要结过

① 1952年土地改革时，关麓有七家地主，各有土地多者不过三四十亩，少的仅有十几亩。只“三家”汪金寿在祁门有大量山地。

② 赵吉士：《寄园寄所寄·泛叶寄》。

婚的才可）、挖坟穴、守坟、挑担、吹打，妇女均为大脚，要接生、当红婆（婚礼时照料新娘）、给“孺人”和小姐抬轿，姑娘则当丫环，等等。这些人身份很低，因此赵吉士说：“徽俗重门族，凡仆隶之裔，虽显贵，故家多不与缔姻。”[①]嘉庆《黟县志·风俗》则说：“重别臧获之等，即其人盛赀厚富，行作吏者，终不得列于辈流。”

在关麓村，臧获不依附一家一户，而依附所租土地的主人所属的房派、支派，如“三家”、“六家”、（老）“七家”、承德堂、崇德堂和“志顺公后裔”等。主家所属派中某家有事，臧获便去服役，如果人手不够，他们会自行邀请依附于其他房派的臧获来帮助，主家不必出面。这些劳役虽然依“制度”说是无偿的，但因多属“红白喜事”“添丁增口”之类，所以赏钱不少。例如，新春元日，他们到东家门前扫几笤帚地，说几句吉祥话，便有厚赏；新妇花轿抬到祠堂，他们堵住大门唱喜庆话，要女家给封赏后才让开大门，放花轿进去。年时节下主家做年糕、清明粿，会送给他们一点。因为“有利可图”，所以各房派的臧获互相间不得侵越，而且子孙都把这种关系当作权利继承。

---

① 赵吉士：《寄园寄所寄·泛叶寄》。

这种佃仆制度由来已久。关麓村的臧获，来源大多是：一、在外地经商时买的家僮或婢女，带回村来在家中服役，长大后准予毁券自立，成为佃仆；二、以婢女招亲，入赘为佃仆；三、因“种主田、住主屋”，将来还要“葬主山”，沦为佃仆；四、佃仆的后代，世世为佃仆。前述乾隆三十三年（1768）华桧的析产阄书里有一条：“绕垶岭头系承祧之产，照之滋公阄书分法管业，今与仆人王六、婢女春秀住歇。”春秀有卖身契，王六有招赘文书。崇德堂定规，清明节给之滋府君、之滨府君和恺府君（华桧）扫墓时，要给仆人叶禄、叶六各烧“冥包一个”，他们的坟就在主山。这两例主仆名分是很典型的。

大户买婢女的习惯一直沿袭到民国年间，所以关麓村目前还有些当过婢女的老妇人，如篾匠汪朝立的母亲原为“双桂书屋”汪永梁（汪庭辉之子）家的婢女。她们不知道自己的姓氏和原籍，但都在土地改革后婚配，已经没有佃仆身份。我们在1995年春季调查时，见到八十七岁的项福春，土改后他原是本地小姓，因娶了“六家”汪昌泰家的婢女，成为佃仆，是个吹唢呐的乐户。土改后他妻子仍然一直在村里帮忙红白诸事。50年代，他妻子去世了，没有儿女，又续弦了一位“二婚”妇女，带来一个女儿。60年代初，大饥荒，村里饿死了不少人，妻子熬不下去，跟着一个过路的祁门铁匠走了。不久，有人看见铁匠又到村子里来了一趟，说项福春的妻子在外面饿死了。铁匠走后，女儿就失踪了，可能是铁匠把她召走了。80年代村人又给他找了一个男孩过继为孙子，但并不跟他过日子。男孩淘气，不好好读书，只等着继承他土地改革时分来的一间房子。两年前，项福春一度病危，村里给他募捐了两千元丧葬费，后来病愈，钱由村妇女主任保管着。我们离村之前，1994年4月14日下午5时，这位全村最后的昔日佃仆因疝气引发败血症去世。他去世前两小时仰卧在床上，我们给他拍了一张照片。村里人给他办丧，按照古例，埋在主家的查里岗坟地里。那个孙子来尽孝，捧头、摔盆、举着哭丧棒送葬，穿一身毛边丧服（缞服），是用化肥袋子改做的，帽子上“尿素”两个字清晰可见。

东家们把给佃仆住的庄户房造在村子边角或者坟地旁，小小的，不同他们的高堂华屋混杂。

高堂华屋里住着徽商眷属，据清闲斋《夜谭随录》云：“新安风俗勤俭，虽富家眷属不废操作。”虽然并不种田，却还纺绩、种菜。乾隆年间古筑人孙学治《和施明府源黟山竹枝词》之一道：“北庄岭下女绩麻，西武岭边女纺花。花布御冬麻度夏，有无相易各成家。”这是妇女生活的真实写照。妇女们受着封建礼教沉重的压迫，被丈夫抛在村里，侍候公婆，养育儿女。而丈夫却往往在外面再婚，另有家业。正如《二刻拍案惊奇》卷十五里说的徽商汪朝奉娶二夫人："这个朝奉，只在扬州开当中盐，大孺人自在徽州家里，今讨去做二孺人，住在扬州当中，是两头大的……"关麓习俗，经商人从外地归来时妻子从菜园回家要先进后门，洗了脚，梳洗打扮，才能与丈夫相见。

丈夫很少回来。他们十二三岁便出外学徒，十六七岁回家完婚，过三个月就再出去。从此多则一年回来一次，少则三四年一次，甚至有十几年才回来一次的。但徽商都有叶落归根的意识，五十岁上下，就给儿子们分家经营，自己退而养老，回家赋闲。在外地有二夫人的，也要每年在家住几个月。

到清代晚期，有一些人成了食利者，斥资入股，自己不参与经营，而长期在乡闲住。如崇德堂的丕鉴和他的父亲德麒，就有多年这样的生活。

这些家居的人形成乡绅的主体。其中有一部分热心乡土建设、文化教育和祠下管理，对村子的影响很大。

关麓村在乡商人的生活，虽然远不如淮扬一带的徽商那样奢侈豪华，却也相当优裕。他们熟悉长江中下游富庶的城市，多少会把那里的一些风习带回老家，从而突破老家千百年的“俭啬”旧俗。他们起造的中型住宅，雅洁精致，家具陈设都很整齐细巧，考究品位。他们未必经常鲜衣美饰，但大多备有靓装丽服。有一张民国十八年（1929）十月十七日“皖省王祥茂皮局”（在安庆）开给汪悔初（丕治）先生的发票，写的是“滩羊皮马褂筒一件，价洋贰拾捌元，当收洋贰拾叁元，两讫”。另有一张胡美辉裁缝店给汪悔初的工洋清单，开列十四件衣服。其中有哔叽驼绒袍一件，花大呢夹袍一件，哔叽夹袍一件，哔叽裙一条，法布夹袄裤一套，纺绸裤一条，麻纱女褂一件，等等。工洋一共拾贰元壹角伍分。[①]可见他们的衣着质量很高。

他们出门稍远便乘轿子。有些类似原始旅行社的行业为他们服务。如有一封“黟城安庆信局”致汪悔初的信保存下来，内容便是洽谈安排赴安庆的轿子和旅伴的。关麓村东大约两三华里，赴古筑镇大道的一个陡坡下，有过一家轿子行，那地名就叫石屋行。轿行除了接送客人外，还有喜庆用轿出租。

民国年间，这个五百多人小村子有二十家出头的商店。其中有一家怡昌号南货店，是“八家”四、六两房兄弟开的，经营南北杂货、两洋海味，还卖猪肉、豆腐和油盐等日用品，自

① 以上两件均由“三家”九十三世汪亚芸先生收藏。汪悔初即其父丕洽，曾任安庆大丰钱庄司账。

设糕店作坊。它在全县都可称大店。有一家滋生堂中药店，自制丸、散、膏、丹，有坐堂医生。有一家新荣馆子店，卖炒菜、红烧肉和各味面条。甚至还有汪观榜和李东楷两家银匠店，主要营业是把银锭剪成散碎银两，便于使用，或者把散碎银两铸成银锭，以便携带，也代客加工金银首饰。虽然它们有些生意是为过路人和附近小村的，仍然可见关麓村生活的富裕。

关麓村的婚丧、祭祀也很铺排。在外地去世的，都要把棺木运回来，一般要三十六名杠夫轮流。如丕鉴手记本里有两条资料：一、“昭志公在外寿终，殁在垅坪位育典，去世道光十九年，搬柩往黟，请县主点主。合族办族规，做七日奠祭，热闹异常，用银二千余两”。二、“令训公殁于安庆恒吉绸缎庄，次年（按：道光二十三年）搬柩往黟，请县主点主，开五日祭奠，办合族饼胙。受礼，各亲戚一名，世谊外各同寅官不辞谢。在众祠开吊，幛挂满堂”。令训是昭志的儿子。[①]到1936年，“六家”汪懋坤（锦章，九十三世）在安庆去世，还要用十二个杠夫把棺木抬回来。

关于婚筵，丕鉴手记中也有一则资料。丕鉴的继子懋

① 见崇德堂九十四世汪祯祥藏丕鉴手记本。

长（慰祖，1911年生）结婚的时候（1937年4月）：“初四日上头饭，男客四盘二碗八桌，女客廿余桌，走动下人、庄上（按：即佃仆）二三桌。次日正期系四月初五日，拜天地，中饭男客四盘二碗亦八桌；夜，男客鱼翅花烛酒亦八桌；夜限鱼翅席四点心、八大碗、八小碗、四中碗、十二碟。正期初五日女客亦与上头饭一律，计廿余桌；走动、庄上、鼓乐二桌。夜限女客十桌，翅席二桌，茶与男客一样。共吃亥（按：即猪肉）约一百八十余斤，海菜洋廿余元，酒洋十元，红帖蜡烛约洋廿元，开门、斟酒洋十八元，加轿税洋八元，鼓乐吹席洋八元，共计用三百余元，加批书、送日子计二百四十余元。”这时候丕鉴因连遭水火灾、“北兵”掠夺和土匪抢劫，已经很潦倒，生意早已收歇，坐吃祖业，尚有这等排场，则昭志、令训时代婚筵盛况可以想见。

徽商向来不废诵读，称为“儒商”。他们虽然十二三岁便外出学徒，但童年经过学塾的旧学教育，有相当不错的文化素养。日常也有些风雅的文化生活。家家堂屋里有中堂和条幅的字画，有木板刻的楹联，有些人家且有收藏字画、书籍和文玩的爱好。

康熙年间，关麓村出了一位书画家，叫汪曙。道光《黟县续志》记他：“字晓山……少孤，善事母，友爱诸弟。弱冠，师皖江何龙，写山水人物，有生动之致。后益肆力倪、黄、沈、董诸家，寒暑不辍。称其画者谓风神秀润，青出于蓝。”本志又记关麓汪烈（汪光烈）：“邑增生，性醇谨，孝友克敦，好古博雅，尤工翰墨，临池学钟、王以下及宋、元、明诸家，而莋枕米南宫者最久。惜年四十而殁，未竟所学，今流传片纸，人争重之。”同治《黟县三志·文苑》里有一位汪占晋，“廪生，少受父廷深训，邃于经学，词章亦工，著有《桐轩文钞》”。

关麓村这样杰出的人物并不多，但直到民国初年，一般男子还颇善翰墨，书法亦佳，日常燕处，朋友间也有论诗品画的雅好。汪亚芸先生现存顾耀南、汪仲琴和一位署名为“旭”的长辈致他父亲汪丕洽柬帖数封，都很有情致。如顾书之一：“委题画媚，本思兴到书之。不意稍写数事，竟心手不应，将尊画写污，殊与愿违，并负尊命。可见无根柢之字，不能运用自如耳。罪甚。”又有顾未题款识的书稿两页：“吾乡步苴老人在道咸间为一时名士，善诙谐，文字特超而画尤自成一家，惟不轻应人之求耳。今搜求老人之画，益如凤毛麟角，殊罕觏。迩丙寅重九节，过舅家，见壁悬画松一轴，笔老气苍，绝非时手能臻此境。读其款识，果为步苴老人之作，爱玩之余，因向表嫂要求割爱。表嫂乃慨然以此见赠。心喜拜嘉，爰志数语，永表谢意。时丁卯冬识于皖垣。”这些乡绅们生活中的文化氛围，由此可见一斑。[1]

商人们虽然自诩“儒商”，生活富足，毕竟还不能完全抹去传统的“士农工商”社会品级观念在他们心里投下的阴影。他们总要借各种封建性关系提高自己的社会地位。前述昭志和令训的丧事，都请县主“点主”，即在神主牌位上给“主”字点一个红色点子，便是这种心态。更进一步的，是花钱捐一个空官衔。他们从少年时代就要学做生意，不可能通过科举获得功名，但他们有钱，可以用救灾助赈或其他各种名义出钱捐官，代替十年寒窗苦功。有些人还为父亲、祖父和儿子买封。例如，昭志于道光十四五年（1834–1835）用垅坪典盈余银三千两囤积贩运棉花，得利五百两整，到道光十七年（1837），“拨此银，请上代四品诰封卷，从生父上一代国僾公貤赠朝议大夫（按：另一处记为中宪大夫，例授州同知），生父光晖公诰赠朝议大夫（按：另一处记为中宪大夫），本身昭志公亦请例赠朝议大夫”。“候至同治初年，用

---

① 汪祖武先生抄存光绪二十二年（1896）九月汪公庙开光演戏时戏台的对联两副，均有很高的文学水平。其一：“时维九月，序属三秋，华宇净无尘。任他霜信频催，且借急管繁弦，先把阳春调雅奏。篱菊犹存，岭梅将放，楼台声有韵。恰当天高气爽，试听霓裳咏奏，尚留素魄送斜晖。”其二：“连日霜信频催，秋光已老，看层峦叠翠，飞阁流丹，恐辜负红树青山，曾咏几回乐府；前番菊花宴罢，酒兴犹浓，恰江蟹初肥，乡鲈正美，且安排铜琶铁板，重翻一曲阳春。”不知是否村人所撰。

以人（按：即丕鉴）生父德麟公（按：疑应为“德麒公”）名请三代五品衔诰封。上代先王父（按：即令训）诰赠、先父（按：即德麒）例赠（奉政）大夫”（按：所言三代仅举二代。更上一代昭志已曾请封）。这次是由令训极善理财的孀居夫人叶氏出的钱。得到诰封之后，“于同治年间在族祠（按：即世德堂）挂诰匾，已祠崇德堂亦挂诰封匾。办族规饼，办合族规，中海参席，晚鱼翅席，都十桌。有往无往概请来吃”。[①]丕鉴本人还于“光绪廿年在湖北鄂湘赈捐，例加捐蓝翎奉政大夫，同知衔，遵照省例，历捐县丞，指分江西试用县丞”。德麒还是“候选布理问监生”，他的胞弟德培是“候选盐课大使正堂，江西候补巡检”。

“八家”也有几个“大夫”。其中一个是九十世经商的六房令钟。至今还有纪念他受诰封为奉政大夫时的彩色画像，像上恭书光绪十八年（1892）三月诰封的全文。[②]他的儿子德澄

---

① 载丕鉴手记本中之“昭志公代祖请四品衔封典根据、缘由细底”。本件藏其孙汪祯祥家。

② 此画像由九十四世汪景恒收藏。关麓村习称祖先画像为“容”。诰命文曰：“奉天承运皇帝制曰：求治在亲民之吏，端重循良；教忠励资敬之忱，聿隆褒奖。尔汪令钟，乃同知衔汪德澄之父，禔躬淳厚，垂训端严。业可开先，式穀乃宣猷之本；功堪启后，贻谋裕作牧之方。兹以覃恩，封尔为奉政大夫，锡之诰命。于戏，克承清白之风，嘉兹报政；用慰显扬之志，畀以殊荣。……制诰光绪拾捌年叁月贰拾日。”

也是奉政大夫并授同知衔，“八家”的始祖、八十九世昭淑为奉政大夫，都是由德澄讨封的。

有钱有闲的寄生生活有很大的腐蚀性。清代末年和民国年间，关麓村的乡土生活发生了一些变化。有些浮浪之人放荡而不自检点，赌博、抽鸦片、嫖娼。赌场很多。村子西北角，“六家”的汪丽声（来久）家曾是大烟馆。迁住鲍村的“八家”汪丕玉是个青帮头子，本世纪[①]40年代霸占了关麓村村口几间商店屋开了一家客店，聚赌并容暗娼，且曾图财谋害一位客商。一里路外的宏田村，靠近接武桥，有两个大宅院，土名“下围墙”，一个是大烟馆，另一个住清音班。清音班是一种地方小戏班，平日应召到喜庆人家演唱堂会，也卖淫，亦娼亦优。民国八年（1919）脞月十三日晚上，丕鉴在他的手记本上写下了这样一段话：“……伊二房（按：九十一世德培，德麒之弟）丝毫分文乌有，概都败清败了，足见土话油干火无，弃世矣！搬来之物，废当票满当了有一百余张，计算洋有四五百元。换过了金叶金共有一二斤。有废票谱换金的。留得刻下价大，可谓巨富之家人也。实深可惜。此可罕见、罕有也。此记。魁銮家物、衣、首饰、赤金

① 即20世纪。

叶可谓黟县头一家，也遭败人。可惜，可惜！真正不少也。”这些人家的败落都不是因经营挫折或遇意外，而是由于坐享其成的子弟的腐化。

1995年

附 记

1994年秋至1995年春我们在关麓村调查时，尚有硬木雕花鸦片烟床两张。村民相告，村中挖房基和翻菜地时，常可见鸦片烟具。我们采集了一件。汪祖武先生说，他外祖父就是一夜间赌光了家产的，而他母亲仍嗜赌如命。“三家”汪亚芸先生说：“三家”“六家”等房派的败落，主要由于子孙腐化。“八家”子孙都比较谨严，连吸烟的都没有，所以发达。

初到黄土高原[1]

几年来，我们一直在南方的乡村里工作，那里自古农业经济发达，有些村落甚至早已有了繁荣的商业和手工业。文化教育水平也比较高，“进士第”“大夫第”到处可见，祠堂门前曾经竖立过一对对的桅杆。那些村落大多是单姓的血缘村落。过去宗族组织完整，很有效地管理着村民的社会生活，宗法家长制的观念因而渗透到生活的各个方面。那样的村落，往往有明确的格局，有水口，有中心和副中心，有合理的街道网和给水排水系统，等等。建筑类型相当多，形成了一个与复杂的农村生活相对应的乡土建筑系统。各种建筑物的形制比较成熟而稳定，住宅的形制多种多样。它们的质量很高，能够满足社会的和家庭的生活需要，工艺讲究，装饰精致，形式和谐而多活

① 摘自《十里铺》，清华大学出版社2007年出版。

泼的变化。从村落的整体到雕饰的题材，都反映出封建宗法制度的意识形态，文化含量非常丰富。

但南方的乡土建筑毕竟只不过是中国乡土建筑极为有限的一部分。我们当然不敢奢望在广袤的中国大地上东南西北选取足够多的典型村落来做研究，但我们希望稍稍扩大一些选题的范围，以开阔我们的眼界，活跃我们的思维，这样能把工作做得更好一点。恰好，有朋友问我们，能不能研究一个西北黄土高原上的窑洞村落，陕西长武十里铺。我们立刻就同意了。

黄土高原是中华文明的发源地之一，曾经是中国政治中心的所在地。那里发生过许多对中华民族的命运有重大影响的事件。然而，长期以来，那里又是全国最最贫穷的地区之一。

黄土高原是黄土沟壑区，塬蹙沟深，天高风紧，自然风光阔大雄伟而粗犷，特色非常鲜明强烈。

黄土高原上的乡风民俗，同样也是特色非常鲜明强烈。且不说婚丧嫁娶、年时节下，便是那震天动地的腰鼓，嘹亮高亢的民歌，饱含着人们理想和愿望的剪纸和炕围画，也早已远近闻名。

这些对我们都是诱惑。

窑洞，或许不免过于简单，但是，据说现在还有将近一亿人住在窑洞里。他们的生活怎么样？听说窑洞冬暖夏凉，是真的吗？

去，一定要去！

一决定了要去，便有点儿迫不及待。我们打算1996年春节之前去，在村子里过节，跟乡亲们一起玩社火，吃他们的蒸馍、面花。但是，在西安工作了几十年的朋友们告诉我们，我们要去的地方，大雪封山，交通十分困难而危险。我们还坚持要去。过几天，他们打来电话，那儿非常贫穷，年节本来就没有多少活动，加上这几年社会的大变动，民俗已经所剩无几了，去了也看不到什么。我们有点动摇了。再过几天，他们又来了电话，说，村民们根本没有多余的铺盖可供我们睡觉，我们不可能在村里住下。我们泄气了。最后，他们认真打听了之后，建议说，春天里去，近年来新栽的苹果树开了花，云霞一片，那时处处可以见到男婚女嫁，鼓乐骈阗，何况清明节还有伐树、扫墓之类的活动，这些都是冬天里没有的。于是，我们改变了主意：4月里去。

4月1日，清明节前三天，我们从北京出发。2日，从西安乘汽车去长武，渡渭河，经咸阳、醴泉、乾县，来到泾河一条支流的河谷里，便是彬县（旧豳县）。这一路每一处地方，都在中国历史上占一个位置，文化遗址一个接着一个。我们被一种巨大的历史感浸透了心灵，默默沉思着，望着车窗外的变化。醴泉县境内，几十公里的路边都是苹果园，夹杂着葡萄园，一望无垠，可惜枝条都还是空的。武则天的乾陵就在公路边上，恢宏有大气魄。从这里开始，公路两边就迤逦都是窑洞和窑院了。泾河支流的河谷深而且宽，我们在东岸，远远望见西岸高高的陡崖上，一层层厚厚的积雪，便预感到那边将是一个生活严酷的地方。汽车艰难地下了坡，过了河，又艰难地上了坡，眼前便是黄土高原。塬上景色开阔，无边无际，碧蓝的天滚滚圆，边上没有丝毫缺口。但是，一忽儿在左，一忽儿在右，突然就能见到深不可测的大沟，几百米宽。沟壁直上直下，却有些浅色的线贴在陡壁上盘旋，细细一看，那竟是人们踩出来的小径。有几处，公路两边都是沟，路就在一条刀脊般的土梁上走。我们看惯了南方农村的山峦，把天空咬得破破碎碎，猛然觉得这里的山峦是虚的，而且倒着朝下长，留下一个完整的天，像糕饼模子，很别致有趣。

离开北京的时候，榆叶梅的花骨朵已经红了，而这里麦子刚刚返青，还蔫蔫的没有精神。积雪一道一道的，像梳子梳着麦垄。远处隐隐有了树影，便到了长武城，正赶上集市，灰不溜秋的街上一堆堆鲜艳的塑料制品照得人眼花，卖烤饼的炉子漾出的香气，老远就能闻到。到县城建设局转了一圈，就直奔十里铺村所在的丁家乡。我们向乡长提出来要到农家住，乡长说，天很冷，窑洞里没有闲着的暖炕，又缺铺少盖，水也金贵，不好住。到农家吃呢？乡长也觉得为难，说，只有油泼辣子和去年腌下的咸菜，日子多了怕也不行。于是，我们就只好在公路边上做过路司机买卖的小店里安顿了下来，好在离十里铺村东头不过一百多米。

十里铺村是个细长条，沿道沟延伸三里多路。道沟六米多深，十来米宽。一条直路穿过去，两侧一个挨一个的窑院。窑院前脸不是原土壁就是夯土墙，一副很原始的黄土沟面貌。只有稀稀落落几个近来新造的砖房和门楼，给它一点生气。

窑院和窑院的间隙，土壁上有些用镢头粗粗刨出来的踏步，农民们扛着锄头曲曲折折走上塬面去。塬面一马平川，能看到天边，却看不见人家，只看见从沟里冒出来的杨树梢，听见地底下传出来的人声。走近地坑的边缘，往下一看，窑院里演出着家庭生活的各种场景，梨树和桃树孕了花骨朵，小小的，还没有变色。

村子没有一定的结构和布局，随地势形成，散而无序。只在中段有一座村民委员会办公室，原本是三仙庙，新盖了五间砖瓦房。旁边有一间小小的卫生站，十平方米大小，卫生员常常不在，吊着锁。小学校倒有两座，有一座是在过去的大车店窑院里造的，几座砖瓦房，很整齐。院子种些花木，一下课，老师们便把院子扫得净光亮堂。村路也很干净，家家每天都出来打扫一段，清一清水沟。

路两旁密密种着杨树。我们到的第三天是清明节，那天伐了许多树，邻村也在伐树。我们觉得奇怪，打听了一下，说是杨树遭了虫灾，是一种蛾子，幼虫把树干蛀空了。仔细一看，要砍伐的树，树身上都刮去了一小块皮，白茬上贴着一张红纸条，写着“树神回避”四个字。当地的风尚，年年砍树必在清明节，红纸条提前几天贴上，以免伤了树神，万一伤了，以后再栽树就难了。虽然树的所有权是私人的，但传统的习惯，“村民公约”上也写着，谁砍一棵树，就必须补种一棵，以保持村里总有树木。今年要补栽的是楸树、槐树，不像杨树那样容易招虫子。

这真是个好习惯，树木给村子带来了生气。我们看到，许多还健康的树上，挂着小小的秋千，小学校一放学，活蹦乱跳的孩子们便抢着悠荡起来，有大姐姐在旁边帮着推的，便特别欢势。村人们告诉我们，这荡秋千也是清明节的一个习俗。不过从前不挂在树上，而是在窑院里搭个架子。因为秋千主要是女孩子玩的，穷乡野村里，规矩不多，不过女孩子还是不能在大路边上太疯了。本领大的女孩子，秋千荡得高高的，墙外也能看得见。“墙里秋千墙外道，墙外行人、墙里佳人笑”，或许是这种情景。

家家的门虚掩着，推开进去，窑院都收拾得很整洁，而且宽敞亮堂，纵横足有十几米，高高的黄土削壁，脚下三五孔窑洞刻出浑圆的轮廓，窑垴子上的门窗还有些细棂和亮色，看起来很大方。土壁上挂着浑圆的蒸笼盖子，是麦秸编成辫子再盘成的，旁边一嘟噜一嘟噜挂着深红的辣椒和金黄的玉米，下面蹲着几只山羊。难怪画家们很喜欢画这些东西，它们自有一种憨厚的风味。

日子住长了，我们对这条几里长的沟和窑院也真生出了喜爱的心情。

让我们喜爱的主要原因是那些与黄土地一样朴实憨厚的村人们。他们把我们当好朋友来接待，我们走进任何一家，主人都先喝住狗，把我们请进屋，上炕。虽然已经是4月上旬，高原上还是寒气袭人，又逢连阴天，老年人都盘在炕上，下面生火，上面盖着棉被。我们三个教师，被他们称为“两个老汉一个姨”，算是上了岁数的，要到暖炕上坐。学生们则坐在炕沿上。大娘打开箱子盖，摸出去年的大红枣来分给我们，不吃不行。到了饭口儿上，说什么也得坐下来吃几口馍。家里有绣品、香囊什么的，只要我们开口，有时甚至没有开口，她们都会高高兴兴地说：“拿去罢，我们再做。”乾隆《重修长武县志叙》里，知县樊士锋说“民虽贫，有醇朴而无机诈，跻堂称觥之风当未泯也”，到现在依旧如此。

十里铺在这一带算是比较富的，从宝鸡来的公路正好在村边与西安至兰州的公路相会。人们见闻多一点，便有几家舍得花钱叫孩子读中学。知识开通，谋生的路子随之宽阔，早些年就有人到彬（豳）县的煤矿和电力公司工作，近年来出去打工的人不少，挣了些钱，回来种苹果和烟草，收益很好。有一些人攒钱买拖拉机，跑近途运输，最不济的也知道打一眼机井，家里老人坐在井边按电钮卖水，一吨能卖二元五角钱。还有少数高中毕业生，会搞经营，到地广人稀的甘肃租地，在当地雇工耕种，一年只过去几次，秋后收入便相当可观。至于那些跟村里当权人有点关系的，便可以到公路边上弄块地皮开饭铺、旅社，赚过路人的钱。因此，十里铺村里这几年造了些新房子。

邻近不靠大路的村子，有一些境况可就差多了。不但新房子很少，窑洞也很破旧。春节才过了一个多月，处处见不到春联、门神的痕迹。不过，那些最穷困人家住的、大沟壑边上的单孔靠崖窑，没有路、没有水的，大多已经废弃，许多人已经搬到了村里，改善了生活。我们在直谷堡、陶林堡、斜坡村、裕头村找到了一些那样的窑洞，叫“一炷香”，简直是挖在绝壁上。我们战战兢兢攀援过去，眼前脚下是望不见尽头的大深沟，不觉心惊胆战，真弄不明白当年的住户，老人和孩子，怎么在这里生活。在斜坡村和裕头村，我们都见到一些侏儒，尤其是斜坡村的几位更加畸形，这都是上一代人或几代人因为贫穷而不得不近亲结婚，以致留下后患。有一天，我们在斜坡村，进了一眼破破烂烂的窑洞，女主人显然很局踏不安，看我们亲亲热热坐下，她便到厨窑里端来了一碗面片汤，怯生生地抱歉说没有什么好吃的。我们立即接过来大口吞下肚去，肚子里的酸楚却不是那只缺口的青花碗盛得下的。

但是，在窑洞门头上斗格中题着的生活格言里，常常可以见到一句“忍为高”或“能忍是福”。我们所住的旅社，有一间餐室，墙上挂着一面祝贺开业的镜子，刻着四个大字：“知足常乐”。更教我们触目惊心感慨不已的，是公路边许多村头破墙上刷着的广告：“抽帝王烟，过皇上瘾。”帝王烟是当地制造的一种劣质土烟，所以叫“帝王牌”，是因为陕西关中八百里秦川曾经是十一朝都城所在。

我们天天都记得我们最初的愿望，巴不得能遇上个把民俗活动，看到剪纸、皮影、炕围画，最好还听见青年男女们对唱山歌。但是，确实，这一带过去太穷，而且多是杂姓村，所以民俗活动很少。十里铺只有正月十五日晚上的社火，由爱玩的青年人临时凑合起来，踩着高跷，扮成各种戏文角色，挨家挨户去送喜，也就是到窑院里转转，唱几段秦腔。有些人家把火锅送到三仙庙里，闹社火的人完了事便蹲在庙里饱吃一顿。春节，据说以前有狮子和龙灯，现在则用几辆拖拉机后斗拼成戏台，由农民自己演些秦腔小戏。面花过去做的，这些年不做了。剪纸、炕围画也没有见着，不过我们终于访到了一位剪纸能手，还有一位熟悉许多民歌的老太太。在二十几天的日子里，有几起婚丧红白事，大都很简单，而且相当现代化了，有“领导同志讲话”之类的节目。我们在十里铺和邻近的村子里，塬上的、沟坎上的，现实生活中几乎找不到历史的遗迹。宣统《长武县志·跋》说：“长武自古豳地，读《豳风·七月》，先圣之德泽，民风之忠厚，咸于是乎哉。而代远年湮，流风余韵，罕有存者。古今之不相及非细故矣！”公刘啊，古公亶父啊，扶苏啊，除了县博物馆长，老百姓是听都没有听到过。有些人连自己祖父的名讳都不知道。

不过，也许我们能解释一个中国美术史里的有趣现象，这里的年轻女子，不论是比较富裕的村子里的还是穷村里的，几乎个打个都长着肥大而鲜红的脸蛋，跟唐代仕女画和陶俑上的一模一样。唐代皇族起于陇西，离长武不远，当年皇族的妇女大概就是这样，以至于影响到了有唐一代的审美理念，反映到了美术品上。这也许是秦陇少数民族的脸型。美术史家在研究室里百思不得其解的问题，到现场去看一看便可以明白。但愿我们是对的。

再有一点，这里的人把黄土塬上经千百年人踏车辗而成的道沟叫作“胡同”。元代的蒙古人正是从这一带跃马扬鞭冲到无定河边，建成大都城的，所以，北京的巷子都叫“胡同”。这也是不少学者考据的课题，我们在十里铺轻而易举地弄明白了。

1996年夏

整整十年之后，我整理旧文，回忆起十里铺附近人们生活的艰难困苦，和他们接待我们时怯生生的厚道，还禁不住泪流双颊，甚至于抽泣。他们现在怎么样了呢？我们写的《十里铺》那本书，拖延到今年冬天才出版，打开那本书，我非常惭愧，我们在书里回避了多少生活的真面貌呀！一句话：苦！

2007年冬

婺源掠影[①]

婺源县现在位于江西省的东北部，北界安徽，东邻浙江，是个“鸡鸣三省醒”的地方。不过，半个多世纪之前，它长期是徽州六邑之一，与歙县、黟县、绩溪、祁门、休宁同属一个徽州文化圈。

婺源辖地大部分原在休宁境内，小部分原在江西东平，唐开元二十四年（736）地方不靖，应缙绅之请于二十八年（740）设县，隶于歙州，县治初在今清华镇，后因军人跋扈，移治至弦高镇（今紫阳镇）。县境应婺女星分野，所以水称婺水，县称婺源。

由于一千多年来同为一个行政区划，所以婺源和徽属其余五邑一起，共同创造了光辉的徽州文化[②]，也一起以“徽商”

---

① 摘自《婺源乡土建筑》，台北汉声杂志社1998年出版。

② 也称“新安文化”，因徽州在汉时属新安郡。歙州于宋宣和三年（1121）改称徽州。

的名义，参与了明末至清的中国商业资本的大发展。婺源的历史和文化与整个徽州的历史和文化是一致的。

不过，由于地理条件的不同，婺源的历史和文化与其他五邑也有一些差别。在婺源东北方，与休宁、祁门之间，有大鄣山和浙岭。春秋时，它们是吴、楚两国的疆界。其余五邑为吴地，婺源为楚地，宋人权邦彦①过浙岭有诗，“巍峨俯吴中，盘结亘楚尾”。岭脊至今尚存高一点七米的石碑一座，刻阴文隶书“吴楚分源”四字，是康熙年间立的。

以这两道山为分水岭，婺源和祁门县的水系归鄱阳湖入长江，其余诸邑的由新安江下钱塘江。水系不同，所接触的外界便不同，尤其在商业资本发展过程中，水路的影响更加显著。所以，婺源的文化，与其余诸邑相比，大同之中有小异。在建筑方面更如此。婺源是皖南（徽州）建筑文化圈中的一个亚文化圈。

徽州山多地少，耕不能自给，男子不得不外出“经营四方”。康熙《徽州府志》录明末汪伟②奏疏：“徽州介万山之

---

① 权邦彦，字朝美，绍兴初召签书枢密院事，后任参知政事。

② 汪伟，休宁人，崇祯进士，擢检讨，充东宫讲官，上《江防绸缪疏》。李自成入京，汪伟自缢死。

中，地狭人稠，耕地三不赡一，即丰年亦仰食江楚。……天下之民寄命于农，徽民寄命于商。而商之通于徽者，取道有二，一从饶州、鄱、浮，一从浙省杭、严，皆壤地相邻，溪流一线，小舟如叶，鱼贯尾衔，昼夜不息。”寄命于商的结果是到明代嘉靖以后，“徽商遍天下”，至有天下“无徽不成镇”之说。光绪《两淮盐法志·列传》统计，自嘉靖至乾隆，扬州客籍商人之著名者八十人，徽商占六十，其余山西、陕西各十人。《两浙盐法志》则称，明清两代，浙江著名盐商三十五人，其中徽籍者二十八。

经营有成的，引亲荐友，徽州外出的人越来越多。明王世贞①《弇州山人四部稿》中“赠程君五十序”说：“徽俗十三在邑，十七在天下。”万历间歙人汪道昆②《太函集》“阜成篇”也说，徽州“业贾者什七八”。

这些外出的人，有当帮工、店员、管账、代理人的，一些长袖善舞的成了富商。万历间谢肇淛③《五杂俎》写道：“富室之称雄者，江南则推新安，江北则推山右。新安大贾，

---

① 王世贞，嘉靖进士，官刑部主事，累官刑部尚书，与李攀龙主文坛二十年。

② 汪道昆，徽州人，嘉靖进士，累官兵部左侍郎，与李攀龙、王世贞善。

③ 谢肇淛，福州长乐人，万历进士，累迁兵部郎中，终广西右布政使。

渔盐为业，藏镪有至百万者，更有积赀达千万者。”“其余二三十万者则中贾耳。”明末清初人魏禧[①]也说：“徽州富甲江南。”

徽商经营，主要是盐业、典当、木材和茶叶，其中木、茶是乡土产品，长期稳定，成为徽州商人主要的经营项目。《古今图书集成·草木典》说：“大抵新安之木，松、杉为多，必栽始成材，民勤于栽植。”徽州木商，以婺源人为多，乾隆《婺源县志》说“婺源贾者率贩木”。早在南宋，建设临安宫殿和百官府邸园池，大多采用徽木。明代万历年间修坤宁、乾清二宫，婺源木商王元俊为御商，供应木材。天启修大内，崇祯造皇陵，木材也都靠徽商供应。茶业的历史也很悠久，陆羽《茶经》卷下所列茶叶产地即有宣州、歙州[②]。注云：歙州茶“生婺源山谷”。茶业很早就对徽州经济有很大影响。唐歙州司马张途《祁门县新修阊门溪记》里说：“邑之编籍民五千四百余户，其疆境亦不为小。山多而田少，水清而地沃，山且植茗，高下无遗土。千里之内，业于茶者七八矣。由是给衣食，供赋役，悉恃此。”（见《文苑英华》卷八一三）婺源

① 魏禧，宁都人，明末弃诸生，清康熙时举博学鸿词不就。

② 歙州即后之徽州，于宋更名。

的绿茶专供海外，清初从广州出口，太平军战争之后，改由上海出口。

在徽属六邑中，婺源的自然条件尤其困难。虽丰林木，而诛求无极，终有尽期。嘉靖《婺源县志·序》说：

夫婺源之为县也，山砠而弗车，水激而弗舟，故其民终岁勤动，弗获宁宇，此一疚也。地狭而弗原，土薄而弗圳，厥入既纤，仰给邻境五岭，其东北八十四滩，其西南率二而致一，此又一疚也。田苦不足，并种于山，迟其效于数十年之后，虽博犹约也。迩来诛材督檄交下，破斧缺斤，势不可极，其几童矣，此又一疚也。

又过了一百多年，到光绪县志中，不但枫香、松木“今绝少”，由于“贩木筏者皆取杉木于江右，而婺源多童。培植孔艰，戕害甚易，亦几无杉筏矣”。所以婺源木商多到云南、贵州、四川、湖南、浙西等地采伐贩运。木商虽富，婺源的乡土经济却失去了气血。

徽商对全国的经济发展都起了良好的推动作用，却无力改变徽州不利的农业生产条件。

早期的工商业者，远远没有摆脱封建宗法制度，他们在族规和传统的束缚下，把眷属留在农村老家，把在外面积攒的钱财带回来，无田地可买，就用来建造祠堂、庙宇、牌坊、文阁、住宅、园林、书院、学塾、道路、桥梁、亭子、义冢等等，甚至连官署、城池、文庙、学宫、试院、考棚等的修建也由他们捐资，以致徽州城市和农村的建筑环境达到很高的水平。但另一方面，却减缓了资本的积累增殖，阻滞了徽商进一步的发展。因此，到清代晚期，更现代化的工商业资本在沿海兴起之后，徽商就退坡了。

两晋之前，徽州土著以山越人为主，“唐黄巢之乱，中原衣冠避地于此后，或去或留，俗益尚文雅”（宋罗愿《新安志》）。至今徽州还有不少村落是唐末避乱而来的人建立的。他们带来的中原雅言文化到宋代而大盛。那时先后出了大理学家程氏兄弟和朱熹，所以徽州一向以“程朱阙里”自许。朱熹祖居婺源城内，后称“文公阙里”，他父亲游宦福建时生熹，后来熹多次返乡扫墓和讲学，在婺源影响很大。《新安文献志》甚至说徽州人“非朱子之传不敢言，非朱子之家礼不敢行”。虽然十分夸张，但理教的严酷在徽州是显而易见的，而尤以婺源为最烈。明末天启《婺源县志》桐城何如宠撰序说：

新安生聚之庶，财赋人物之盛，甲于天下，诸属邑之所同也。而婺独弦歌礼乐，有邹鲁风。君子食才，小人食力，读父书而明高曾之南亩，无迁异物焉。

康熙《婺源县志》通判署县事蒋灿撰序也说："婺于新安称名邑……而又有紫阳夫子笃生其间，故其人往往淳朴温粹，蹈礼义而被诗书。"

除了大理学家之外，徽州也多文化名人。其中婺源籍的就有宋代的朱弁、胡伸、程洵、王炎、滕璘，元代的胡炳文，明代的詹希源、汪铉、潘潢、余懋衡、何震，清代则有江永、汪绂、齐彦槐等人。据《婺源风物录》统计，自宋至清，婺源有著作一千二百七十五部刊刻行世，选入《四库全书》的有一百七十五部。

婺源的县学建立很早，宋仁宗庆历四年（1044）诏天下郡县建学，婺源县很快就建立了学宫，后来成为徽属六邑中最大的。婺源科名虽不及歙县和休宁，在宋代仍有较高成就。

但是，明代晚期以后，虽然清代初年还出了江永、戴震这样著名的学者，徽州的雅言文化，总体上是江河日下，就科名说，婺源在宋代有进士三百一十六人，明代一百一十三人，清代只有八十七人了。[1]康熙《婺源县志》知县张绶撰序说："顾同一儒雅也，科名阀阅昔则盛而今则衰；同一愿朴也，忠孝廉节昔则多而今则少。"同志蒋灿的序慨叹婺源科名之衰：

> 曩者明中叶时，英贤鹊起，甲第蝉联，钟鼎旂常之伟伐，志乘不绝书。而今则世历二纪，春秋两闱，告隽者指才一二屈。名元鼎甲，皆发祥于寓公，此邦怀瑾握瑜之彦，率以牖下老，尚得有人文乎？

他对这现象的解释是百姓烧石灰坏了县城学宫龙脉。

> 余尝闻婺人言其县治学宫之龙，皆鼻祖于大鄣山，由水岩、石城、历角子尖再聚而后渡脉于重台石，至大小船槽二峡乃大发皇。……顾其石理缜密，可熔为灰，射利者争趋焉。地脉由此受创。

严令禁烧石灰，从明代晚期就开始了，但利之所在，杜绝

① 据《江西省婺源县地名志》，1985年；又据朱保炯、许沛霖：《明清进士题名碑录索引》，明代徽州六邑有进士393名，占全国1.55%，清代有226名，只占全国0.86%。

实难，开山烧灰者依旧，一直到清朝中叶，这场“保龙”之争还没有了结。风水迷信徒然扼杀经济的发展，而无补于雅言文化的衰退。

雅言文化衰落的真实原因恰恰在于徽商的繁荣。徽州的人口外流并且人才转向商业，学术和科名自然会失去过去的辉煌。顾炎武在《肇域志》中说徽州，“贾人娶妇数月则外出，或数十年，至有父子邂逅不相识者”。而徽州人一般在二十一二岁娶妻。明万历间次辅歙人许国（1527—1596）父亲是茶商，他在给母亲写的行状里说：“先府君贾吴中，率三数年或八九年一归。归席未暖复出。”这种情况一直延续到清末。近人胡适在《四十自述》中写得最明白：

> 我们徽州人通常是在十一二岁便到城市里去学生意，最初多半是在自家长辈或亲戚的店铺里当学徒。在历时三年的学徒期间，他们是没有薪金的。其后稍有报酬，直至学徒期满。至二十一二岁时，他们可以享有带薪婚假三个月，还乡结婚。婚假期满，他们又只身返回原来的店铺，继续经商。自此以后，他们每三年便有三个月的带薪假期，返乡探亲。所以徽州人有句土语，叫作“一世夫妻三年半”。

既然“十室九商，商必外出”，一是人才外流，二是人才转向商业，则徽州学术、科名的没落就不可避免了。

另一方面，就在学术、科名不景气的情况下，施于十一二岁之前的儿童的初级蒙学却大大发达起来，也就是文化大大地普及了。这是因为，经商比之农耕，需要更多的读、写、运算等能力和应对修养，徽商富有之后，回馈故里，除了修建学宫和少数书院之外，便是建立大量的社学、祠学、私塾等等，并且资助族中子弟读书。所以《休宁县志》里说，明清两朝，“自井邑、田野以至远山深谷，居民之处，莫不有学、有师、有书史之藏”。嘉靖《婺源县志》则说本邑“十户之村，不废诵读”。徽州六邑，在康熙年间共有社学四百六十二所，其中婺源有一百四十所。此外当然还有大量的祠塾和私塾等等。初等教育的普及，推动了社会一般文化水平的提高。

明代晚期，由于商业资本的发展，在一些城镇，市井文化繁盛起来。徽商往来于这些城镇，熟悉市井文化，自然会把它带到故乡去。市井文化的一个重要特点是重新辨正“士农工商”的四民观，也就是为商人争社会地位。嘉靖进士汪尚宁，在为徽商汪远写的《像赞》（见明隆庆刻本休宁《汪氏统宗谱》）里说：

古者四民不分，故傅岩鱼盐中，良弼师保寓焉，贾何后于士哉？……故业儒服贾各随其矩，而事道亦相为通。人之自律其身，亦何艰于业哉？

这位作者官至都察院右副都御史，竟如此直接地批判传统儒家的四民观。到清末，翰林许承尧著《歙事闲谭》，径直说："商居四民之末，徽俗殊不然。"可见新的四民观在徽州已经确立。[①]

市井文化的另一个特点是炫富。乾隆《婺源县志》知府何达善"序"说到歙县、休宁的人文："歙休多巨贾，豪于财，好言礼文，以富相耀，虽多散处吴楚间而家于乡者半亦习奢尚气。"这种文化特点已经由徽商带回到故乡来了。

市井文化开拓了新的视野，改变了人们的价值观，在一些方面突破了理学的束缚。男女情爱、商贾辛劳、市民生活都进了他们的兴趣领域，成了戏剧、版画、建筑装饰等的重要题材。

市井文化在徽州的主要代表是戏剧和雕版印刷。它们促进了市井文化向雅言文化渗透，也向民俗文化渗透，给它们以新的题材和思想。

---

① 雍正四年（1726）九月二十七日上谕："为士者乃四民之首，一方之望，凡属编氓皆尊之、奉之，以为读圣贤之书，列胶庠之选，其所言所行，俱可以为乡人法则也。"

市井文化的发展也改变了农村的风尚习惯。顾炎武在《天下郡国利病书》中引《歙县风土论》说，早在明代正德末、嘉靖初，“商贾既多，土田不重……纷华染矣，靡汰臻矣”，指出风俗之变确为“商贾既多”。康熙丁未进士张英撰《恒产琐言》中说：“天下惟山右新安人善于贸易，彼性至悭吝。”到清末许承尧著《歙事闲谭》则说，徽人的生活“比者亦渐增饰矣”！

大批徽商眷属住在农村，过着寄生性的富裕而悠闲的生活，大大促进了民俗文化的繁荣。社火、灯会、狮子、拜月、酬神、傩舞、傩戏等等都很热闹，四季不断。与手工业经济相结合的则有木雕、石雕、砖雕、雕砚①、墨模、盆景、刻书等等，也都是为富裕人家服务的。

民俗文化中还有医卜星相。风水堪舆术在徽州很盛行，尤其是婺源县。《中国风水》②一书里统计了明清时代的风水名家，共计二十六人，徽籍者十二人，而婺源占九人。游朝宗、游克敬、江仕从等三人还参加过明初天寿山陵地的勘察，受到褒奖。堪舆风水对徽属各邑的聚落和建筑的一些方面很有影响。

---

① 婺源产龙尾砚，昔李后主所用者，宋时为名砚。

② 《中国风水》，高友谦著，中国华侨出版公司1992年出版。

学术、科名成绩下降，初级教育普及，民俗文化繁荣，市井文化兴起，这就是明清时期包括婺源在内的徽州文化的一般情况。

婺源，乃至徽州各地，就在这样的经济、文化背景下建造了大量的村落。既有建筑，也有园林。

徽人因农耕不能自给，不得已外出经营。不论是稍有裕蓄还是致富巨万，都会在宗族势力和传统习俗的约束下回馈故里，从事兴造。由于婺源的农村建设主要靠徽商的回馈，而徽商又主要出自农业不能自给的穷困山区，所以，婺源的北乡和东乡，山高谷深，而村落很漂亮；西乡多平川，农业尚可活口，村落反倒逊色。

然而，稍加考察，可见从明晚期到清晚期，三百年上下的徽州乡土建设史，是一部徽州人民不屈不挠，顽强地与命运抗争的悲壮的史诗。

嘉靖进士汪道昆《太函集》中《阜成篇》说："新安多世家强盛，其居室大抵务壮丽。"又说："春秋肸飨之典所在多有，而吾郡为盛郡……其中若寝、若祠、若庙者无虑数十百千。"到了明清易代之际，遭到一次大破坏。光绪《婺源县志·建置志》引康熙《县志》中张绶所写的"跋"说："婺邑草创于开元，历宋元明而规模大备，鼎革之初，半遭焚毁。

修葺未毕闽变又复见告。故今之公署、城垣、泮宫、营垒往往多创建也。”[①]数十年之后，徽州从废墟中重建。该《建置志》又引康熙“邑志”蒋灿文：“今民家作室，犹必高其垣墉，敞其堂室，邃其房闼，易其道路。其他宾祭之所，讲习之堂，水旱潴泄之具，莫不次第备兴。”不料这一次重建到太平军战争时又一次遭到更加酷烈的破坏。婺源是太平军战争最长期反复的地区之一。从咸丰五年（1855）太平军犯婺源，到同治元年（1862）左宗棠入婺源，其间“焚民居三十余家”“焚杀甚众”“焚县治及民居数百家”“民居焚毁殆尽”之类的记载，在县志中连篇累牍。曾国藩上同治奏折说：“徽池宁国等属，黄茅白骨，或竟日不逢一人。”（《奏稿》卷二一）“皖南及江南各属，市人肉以相食，或数十里野无耕种，村无炊烟。”（《奏稿》卷二四）这里当然有为邀功而夸大的成分，但太平军侍王李世贤在同治二年（1863）一封致部下信中也说到了“众兄弟杀人放火”的事实。（见《太平天国史料译丛》，33—34页）另一方面，官军的焚掠杀戮甚至更加残酷。战争亲历者李圭在《思痛记》中说：“官

① 道光《徽州府志》：“康熙甲寅，闽贼于八月二十日陷城，乐平贼亦附之，势猖獗，婺源诸乡皆遭蹂躏。”闽贼即三藩之一耿精忠部。

军败贼及克复贼所据城池后，其烧杀劫夺之惨，实较贼为尤甚，此不可不知也。”又说：“至官军一面，则溃败后之虏掠，或战胜后之焚杀，尤属耳不忍闻，目不忍睹，其惨毒实较贼又有过之无不及。”道光五年（1825），祁门人口四十七万零二百七十九，到同治十年（1871）只有十万零二百四十九，减少百分之七十九之多。黟县人口，嘉庆十五年（1810）为二十四万六千四百七十八，同治六年（1867）为十五万五千四百五十五，减少百分之三十七。歙县人口，道光年间（1821—1850）为六十一万七千一百一十一，同治年间（1862—1874）为三十万九千六百零四，减少百分之五十。绩溪人口，嘉庆九年（1804）为十九万三千一百六十一，宣统二年（1910）为九万三千零三十七，减少百分之五十二。[①]婺源情况必大致如此。

经过这样惨重的破坏，到了清末，翰林许承尧著《歙事闲谭》里写道：徽州“乡村如星列棋布，凡五里十里，遥望粉墙矗矗，鸳瓦鳞鳞，棹楔峥嵘，鸱吻耸拔，宛如城廓，殊足观也”。徽州人又一次从废墟中重建了家乡。

---

① 据程成贵：《清代祁门人口大起大落原因探析》，载《徽州社会科学》，1992年1月号。《婺源县志》无乾隆以后人口数。

虽然徽州地理偏僻，风俗近古，但屡经变故，明代遗构已经寥寥无几，很足惋惜。然而，到清代末年，乡土建设的光辉成就，则是徽州人民旺盛的生命力、坚毅的意志力的纪念碑，能使人肃然感奋不已。

乡土建筑的几毁几兴，都靠乡人自力，徽商捐输。康熙《徽州府志》总纂、休宁人赵吉士①在府志《尚义》门前题记中说：

> 吾乡之人，俭而好礼，吝啬而负气。其丰厚之夫，家资累万，尝垂老不御绢帛。敝衣结鹑，出门千里，履草屟，襆被自携焉。……然急公趋义，或输边储，或建官廨，或筑城隍，或赈饥恤难，或学田、道路、山桥、水堰之属，且输金千万而不惜。甚至赤贫之士，黾勉积蓄十数年而一旦倾囊为之。

县志、府志里，上自县署、学宫、城墙，下至茶亭、板桥，莫不由商而致富的或农而有志的出资出力修建。有一些事迹非常动人。

---

① 赵吉士，顺治举人，康熙间知交城县，迁国子监学正，卒于官，有文集及《寄园寄所寄》。

可惜，徽商虽然有力兴建一些房屋，却无力改变徽州不利于农业的自然条件。因此，在徽州出现了一个奇异的对比，正如康熙《婺源县志》张绶的“序”所说，“其土田瘠硗而迫隘，其都聚稠密而整齐”。所以，在小农经济还占主导地位的时代，一旦商业受挫，这些乡土建设不但难以为继，连维修已有的房屋都不可能做到，村子就难免败落。

徽州的村落，几兴几踬，到20世纪中叶，一场激烈的社会动荡，终于结束了私营商业的历史。徽商故乡的农村失去了外来的经济支援，一落千丈。同时，一向管理着血缘村落的公众事务的宗族组织被粉碎。数百年来处于下层的“伙计”“客户”，一向靠租佃和为富户服务为生的“佃仆”，翻身掌握了政权。新的当权者缺少必要的文化素养，对原来的村落建设既不理解，也没有感情，甚至会有点憎恶。因此，村落的公共设施和公共建筑遭到破坏，传统的有关维护村落的完整、整齐、卫生的制度也被废除。等到“文化大革命”一发动，这种破坏就空前酷烈。以致我们现在所见的婺源村落，都不过是劫后残余。

清华彩虹[1]

从建筑的角度看，清华镇[2]最值得骄傲的是它的两座桥，一座是西头的彩虹桥，通景德镇的大路所经，一座是东北角的聚星桥，通徽州府的大路所经，都是石墩木梁的风雨桥，另外至少还有四条板凳桥。1985年，修通了往沱川的公路，造了一座钢筋水泥的公路桥之后，就拆了聚星桥，板凳桥也不再架设，现在只剩下彩虹桥了。彩虹桥在村西将近一百米，在婺水向北环弯的地方，走向东西。它长一百四十米，有四个石砌的桥墩，五个桥洞。桥墩横长十三点八米，宽七米，迎上流作分水（燕嘴）。桥洞跨度大小不等，在十二米上下。每洞架四根大木梁，上面密铺木枋，形成桥面。桥上造廊，两坡顶。位于

---

① 摘自《婺源乡土建筑》，台北汉声杂志社1998年出版。

② 清华镇在江西省婺源县，旧属徽州。

洞上的段落跨度小，只有四点五米，墩上的段落跨度大，有十一点五米，左右都凸出。因此墩上的和桥上的廊子结构分开，各自独立。而且墩上的廊，屋脊明显高于洞上的，外观轮廓有起有伏，产生了节奏感。桥内的空间也因宽窄的变化而产生了节奏感。墩上的廊，向北的凸出比较大，形成完整的小空间，摆着石桌石凳。桥的两侧通长设栏杆凳，倚栏眺望，南面正对锦屏似的五老峰和云雾缭绕的茱岭。东北烟波连天，渔舟在板桥下悠然漂过，左岸层层山岗，右岸竹丛掩映着村落，白粉墙在青翠的竹叶间闪闪而出。走到桥西端，前面山岗顶上，“文化大革命”前曾经巍然矗立着十几米高的文笔。东端第二个桥墩的南端，也就是它的燕嘴上，有过一座经幢，它北面的凸间里，有一座神橱，供着三个神位，正中是“治水有功大夏禹王”，左右两侧分别是“募化僧人胡济祥”和“创始理首胡永班”。楹联“两水夹明镜，双桥落彩虹”，摘自李白的诗，横批“长虹卧波”。楹联大约并非原制。这个桥墩在1983年被洪水冲垮，1986年8月修复，神橱是重建的，木构的小建筑，有翘得很高的翼角，挂落做成水波和红太阳。经幢在“文化大革命”时被拆除了，现在在村里古街西部的转弯处，原仁德堂遗址边，离通往彩虹桥的小巷口（也许是古方头巷）大约三十米，地上横躺着一段残损了的经幢，灰白色大理石的，八边形，直径五十厘米左右，每面相间刻着“南无阿弥陀佛”六个字和一个佛龛。很可能，这就是原来桥墩上那个经幢的残石。

彩虹桥东端南侧，水边有一块石矶，摩岩刻“小西湖”三字，传说是明代嘉靖年间吴派篆刻家文彭和徽派篆刻家何震到这里赏玩山水时题下的，有款。[1]嘉庆二十二年（1817）婺源知县觉罗长庚（满人）曾重刻加深。矶上另有一首刻诗是齐彦槐[2]写的：“睢阳庙外一灯孤，五老峰前飞夜乌。绝好荷花无一柄，月明空照小西湖。”仿佛对眼前景致很有点凄凉的感慨。

所以，彩虹桥头有一副楹联，写的是：“胜地著华川爱此间长桥卧波五峰立极；治时兴古镇尝当年文彭篆字彦槐对诗。”桥廊建筑十分简洁，做法和去甲路村中途的凉亭以及思溪村的风雨桥相同。构件方正平直，斩截整齐，结构和构造全

---

① 文彭（1498—1573），字寿承，号三桥，苏州人。文徵明长子，仕国子监博士，工书善画，尤精刻印。

何震（1522—1604），婺源县江湾乡田坑村人，字主臣，号雪渔。篆刻风格端重，名重一时，为徽派（也称皖派）开创者，与文彭并称“文何”；著《续学古编》。

② 齐彦槐（1774—1841），字梦树，号梅麓，婺源冲田人，嘉庆进士，以知府候补，精鉴疏，工书法，尤长骈体赋。造龙尾车、恒升车等农用提水机械，又创制“中星仪”天文仪器。有《双溪草堂诗文集》《梅麓诗集文钞》《书画录》《天球浅说》《中星仪说》《北极星纬度分表》《海运南漕丛议》等著作。

部简单明了，榫卯搭接一清二楚，没有多余的东西，完全合乎严谨而简洁的理性要求。施工制作也都经济方便。同时，每个构件本身的长、宽、厚尺寸之间，构件与构件之间，以及构件与整体之间，配合得非常和谐匀称。这个桥廊建筑的结构美，完全不同于婺源县住宅和宗祠之类中常见的装饰美。宗祠中虽然也可以见到很动人的结构美，但它们总还有装饰，还有刻意的加工，而彩虹桥则是纯粹的素净白描，天然自如。在一个惯于往建筑上堆砌装饰的地区，同时在桥梁和凉亭上还有这样一种工艺传统，或许是因为有两种工匠，造房子的和造桥的。不过这只是猜测，并没有有力的证据。

彩虹桥离清华镇居民生活区比较远，所以没有成为日常的交往中心。据说到了炎热的夏季，许多居民到桥上乘凉避暑，晚风吹来，带着水上的清爽气，消去一身汗热。没有蚊虫，只见萤火飘忽，一明一灭，蒲扇不举，烟斗不燃，老人们半睡半醒，喃喃着含糊的话。这时月上东山，水中闪烁着鱼鳞似的银光，丝丝波影，像颤动的水藻。这就是清华八景之一“藻潭浸月”。

桥的东端，守桥人小屋的墙上嵌着一块1986年刻的石碑，碑文说桥始建于唐代。《婺源风物录》说它始建于宋代。但《清华胡氏仁德堂世谱》和乾隆《婺源县志》都分明记载它建于清代乾隆年间。《世谱》说：

彩虹桥在方头溪，原胡仁德孙建木桥，乾隆庚寅，德公裔宏鸿，即林坑巷庵僧济祥与里人永班募捐，创建石垛，架亭设茶其上，至今并设祀祭之。

这济祥和永班的神位就在桥上大禹神位的左右。乾隆《婺源县志·义行》记得更加生动：

胡班（按：无永字），清华人，家于里之方头溪。溪当两源之冲，架木桥通行旅，山雨暴涨，则患叵测。班故贫，幼负贩供亲甘旨。尝夏月桥圮，阻不得归，誓成此桥，以济众危。自是修葺绋缅、视如己急。遇霜雪夜，辄披衣起，扫除之。如是者历二十六年。既又议易木以石，众皆首肯，推为部署，中遭洪水冲决，复督其成。①

本志并说胡班是乾隆时人。《世谱》中说的胡仁德，是胡从政（1379—1458）、胡礼道（1385—1457）兄弟二人的合称，他们热心乡土建设，可能有人把胡仁德误认为仁德堂始祖胡学了。

---

① 但嘉靖《婺源县志》中的《古县治图》中，彩虹桥及聚星桥已均为石垛。

清华镇东北下市的聚星桥，走向为西南至东北，《世谱》也有记载：

> 聚星桥，京省通津。五显庙头陀隐谷募建，后车田洪宗益独建三垛，余皆陆续而成。吴楚舟楫俱集于此。今架亭设茶于桥上。乾隆甲子五月大水倾，重圮重修。光绪年间又复修。

这篇记没有说明初建年代。乾隆甲子为乾隆九年（1744），则始建时也可能是乾隆初。家谱方志，往往记载不清，尤其于年代不很在意。又说“今架亭设茶于桥上”，《世谱》编于道光戊戌（1838），或许亭是道光年间造的。从《世谱》中的八景图上看，聚星桥和彩虹桥一样。因为迟到1985年才拆毁，所以镇上人记忆犹新，也能确认它与彩虹桥是一样的。

聚星桥南连古街东端的关圣庙，对岸便是如意寺。右侧浙水注入婺水处是八景之一的“双河晚钓”。

《世谱》中另记一座丁字桥：“相传岳武穆布丁字阵于此，故名。原为京省通津，后改造石垛建亭桥于五显庙前，此桥只为居民渡处。”

五显庙在下市，也就是古街东端，建于明晚期，后改为关圣庙。八景图上，关圣庙前除聚星桥外，西侧另有一木桥，或许就是丁字桥。这段文字没有写清楚，可以理解为“石垛建亭”的桥与“此桥”不是同一道桥，则一为聚星桥，一为丁字桥。

芙蓉村[1]

青青的山上耸立起三块悬岩。乡人们说，它们像一朵芙蓉花，于是，山下便有了芙蓉村。芙蓉峰是一朵水芙蓉，村中央便开了一方水池，可可儿地把芙蓉峰倒映在池里。山川秀丽，必有俊彦，芙蓉村年轻人牛角挂书，亦耕亦读，出过几位进士，大宗祠里还挂着一块金龙盘边的状元匾。村人说，南宋时候，小小的芙蓉村有“十八金带”，便是同时有十八个人在临安当京官。于是，又有人说芙蓉峰像纱帽，村前的小溪像袍带，没有好风水，哪里来的功名富贵呢？

但是，“读圣贤书，所学何事”，无非是“孔曰成仁，孟曰取义”。有了知识，当了官，就承担了庄严的社会责任。南宋末年，元兵南下，咸淳元年（1265）进士陈虞之响应文天

① 摘自《楠溪江中游古村落》，三联书店1999年出版。

祥，起兵勤王，率领全村义士八百多人据守芙蓉峰三整年，全部殉难。山下离离蔓草丛中，散乱着几块残破的青石，那儿曾是陈虞之的墓。

元兵把芙蓉村荡为平地。芙蓉花年年都开，不久之后，陈氏后人又重建了一座新的芙蓉村，像芙蓉花一样，素雅而充满了清新的生气。

废墟上重建新村，容易整齐。遗存至今的芙蓉村，平面是个长方形，占地十四点三公顷。一圈寨墙，都用大块蛮石砌筑。墙上有铳眼，那时的人们还没有忘记祖先英勇的自卫战斗。西门外碧绿的农田一直铺到青山脚下，农夫们“晨兴理荒秽，带月荷锄归”，斗笠蓑衣，从寨门出出进进，用汗珠养育禾苗。南门外一条小溪，水色澄碧，奔流不息。妇女们提着鹅兜，领着孩子，到溪边洗衣，把鲜艳的色彩和款款的谈笑声一起溶进水里，闪闪烁烁。村人们心疼妇女和孩子，怕暴雨淋，怕骄阳晒，给他们在一旁造了一座凉亭，亭子里的三官大帝，笑眯眯坐着，也被青春的场景陶醉。东门是村子的正门，村里官多，正门就得有点儿官气。两层楼阁，画栋雕梁，檐下斗栱把象鼻形的下昂挑出老远。进门右手边是陈氏大宗祠，形制完备。左手边是乐台，每逢祭祀或者节庆大事，有乐队吹吹打打迎接贵宾进村。

一条宽宽的主街，从东门笔直向西，正对芙蓉峰，有个优雅的名字叫如意街。街的中段，就是洋溢着恬美气息的芙蓉池。池中央有座芙蓉亭。玲珑的重檐亭子高高挑起翼角，又像一朵盛开的芙蓉花。它背后天际舒展着芙蓉峰，峰和亭的影子又在芙蓉池里重叠。汲水浣纱的妇女，像芙蓉花一样美丽，给芙蓉池镶了一道彩色缤纷的花边。芙蓉亭里，整天坐着些老年人，默默相视，沉浸在几十年的友谊里。他们交谈些传说轶闻、农事年景，都轻声细语，为的是怕扰乱了隔墙飞过来的读书声。墙那边便是芙蓉书院，那里教化过精通翰墨经史的进士举人，也教化过为民族舍生忘死的志士仁人。哎，低声些，让那琅琅书声飘得更远，飘满全村。

全村各个角落又有启蒙的初级学塾。宗族规定，要厚待老师，要资助学子。学塾里栽花种竹，房舍精洁，给读书郎一个文明的环境，涵养性情。村子西北角上，康熙年间造的司马第的学塾，漏空花墙后，假山小池，俨然一座园林。

如意街南北，小巷纵横，铺着卵石，被几百年先人们的足迹磨得圆润，细雨轻洇，闪出柔和的光泽。巷子里有井，姑娘们担水走过，履声在小巷里回响，清脆，却静悄悄。小巷曲折，到处可以见到竹树掩映，短篱矮墙遮不住宽敞的院落，向巷里行人亮出主人的家居生活。是晒谷，是磨粉，是打年糕，还有孩子们在廊下数着雏燕，数不清了，便一头扑向母亲的怀里。行人隔着矮墙头上的菊花，问主人，新酒熟了没有？

小小的住宅，自然灵活，无规无矩，不受拘束。屋顶微微翘曲，轻盈舒展，它随时会振翅飞去吗？不会，它留恋着村里的人们呐！几片粉壁，勾勒出原木，随弯就曲，依然挺拔有力；衬托出蛮石，刚毅浑厚，像为国捐躯者的气血凝成。楠溪江的山水陶冶出了楠溪江人这么朴实又这么精致，这么豪放又这么强悍的审美情趣。

小巷转角处，有一口池塘。塘岸的百日红，累累垂向水面，像少女们对镜梳妆。在楠溪江青山绿水之间吟出中国第一批山水诗的谢灵运，思念弟弟，写下“池塘生春草，园柳变鸣禽”的千古名句。南宋诗人“永嘉四灵”之一的赵师秀则写道：“清明时节家家雨，青草池塘处处蛙。有约不来过夜半，闲敲棋子落灯花。”原来一方小池，竟可以有这么深的感情寄托。

楠溪江人是有感情的，任何人见到他们被阳光烤成紫铜色的胸膛，就会知道它的宽阔，感到它的坦诚。于是就能理解，只有他们，才会建造出那么安静宁谧，那么祥和温馨的村落。

楠溪江人是有感情的，任何人只要来到这里，然后挥挥手离开这里，就会想到，倘然不幸国破家亡的时候，他们必会慷慨赴难，义无反顾，留下千古英名。于是也就能理解，只有他们才会在离离草丛中让芙蓉峰下的芙蓉村再像芙蓉花绽放开去……

芙蓉峰上的义士也罢，纱帽岩下的官宦也罢，他们，都是这个村落的子弟。普普通通的村民养育了他们，便养育了民族的文化和精神。

芙蓉峰是永恒的。

到张壁村去[①]

1998年11月4日，我们一大早从北京乘长途公共汽车出发，六个多小时后到达太原，立即换乘一辆中型汽车，沿汾河左岸南下，经过太谷、祁县、平遥这几个以晋商“大院”闻名的城市，来到介休。这大体是从北京到西安去的古道，一路上有许多故事，讲的大都是庚子年清廷仓惶出奔，受到开票号的大商人的资助和平常小老百姓箪食壶浆的呵护。这是一个富庶的地方，公路两侧的田地平平展展，一眼望不到边。在纯农业时代，山西有个民谣，唱的是：

欢欢喜喜汾河湾，
凑凑付付晋东南，

① 摘自《张壁村》，河北教育出版社2002年出版。

哭哭啼啼吕梁山，

死也不出雁门关。

汾河湾就是这晋中盆地。人们传说，晋中盆地在远古时候是个大湖，叫晋阳湖。湖水浩渺，却没有土地。大禹治水的时候，劈开了南端的灵石口（又名雀鼠谷），把水放了出去，湖底就变成了肥沃的田野，世世代代的居民们从此欢欢喜喜。

立冬过了，秋庄稼已经收拾干净，农地里空空荡荡，反衬着公路上的忙忙碌碌。来往的车辆，大多是运煤的。煤是山西的主要矿产资源，公路边一座挨一座的工厂，都和煤有关，不是发电厂就是炼焦厂，一支支烟囱把天空喷得乌七八糟。工厂附近，树木房舍朦朦胧胧，浓浓的硫磺味呛得我们憋气。一些过去“凑凑付付”“哭哭啼啼”甚至“死也不去”的地区，指望着靠煤矿摆脱贫困，也过上“欢欢喜喜”的好日子，他们做的第一件事却是运出煤来，把本来欢欢喜喜的地方熏黑。

盆地到了头，远远看到山影子了，我们就到了介休。车子驶进一条岔路，溯龙凤河左岸上行。龙凤河是汾河的支流，只有五十六公里长，发源于绵山东侧，向西北流来。龙凤河流域是黄土沟壑地区，地形破碎，公路两边零乱起来。车子渐渐走出了烟雾，前面层层叠叠的山岭渐渐清晰，那是太行山。一个塔尖从小山包后冒出来，绕过山包，便来到塔下。龙凤河在这里遇到突出的岩角，转折了一下，塔就立在这岩角上。这里原有一个小小的石鼻庵，塔是庵堂的，叫凌空塔，乡民们叫它姑姑塔，因为传说在尼姑庵里修行的是唐王朝的一位皇太姑。但《介休县志》说它造于雍正十年（1732），乾隆四十三年（1778）维修。它高九级，三十八米，是龙凤村的地标。

过了塔不远，到了龙凤村。龙凤村是乡政府所在地，张壁村属于龙凤乡。在乡政府门前问了问路，车子在中学校的球场前拐弯，上了机耕道，跌跌撞撞，扬起一天灰土。正逢中学散学，我们截了三个回张壁村去的女孩子上车，请她们带路。路在黄土丘陵和沟壑之间盘过来又绕过去，越走越高，女孩子指着前方的高山说，那就是绵山。

绵山，喔嗬！那可是一座大大有名的山。春秋时期，晋国公子重耳为避祸去国，周游列国十九年，困窘的时候，随从侍臣介子推曾经割身上的肉煮给他吃。公元前636年，重耳回国即位为晋文公，当年的随从大都被重用，大约是介子推的真本事不大，没有得到一官半职，于是发牢骚回家奉母隐居绵山。晋文公觉得有损自己的名声，派人召他，他不从，文公设计放火烧山，企图逼他出来。不料母子二人脾性倔得古怪，也可能是烟火迷了眼睛，竟死心眼儿抱住一棵老树不放，被活活烧死。由于历代统治者提倡“割肉啖君”式的愚忠，知识分子又标榜“不可再辱”的风骨，所以介子推就成了一种伦理价值的典范，受人尊崇。他遇难的日子，清明节前三天，被定为寒食节，家家不得举火。

这座绵山距介休县城二十公里，张壁村离绵山还有五公里，在绵山北麓的黄土台地上。据清代嘉庆《介休县志》，介休的得名是“因晋文公绵上旌介子”。不过这个论断有点儿疑问。介休是一个古县，春秋时称邬县，韩、魏、赵三家分晋之后属魏国，秦代置县，称为界休，两汉依旧，到晋代才改为介休。所以介休是不是因介子推而得名，还很难说。而且晋南又另有几处绵山，都争传当年晋文公放火的故事，历来没有定论。

我们随小女孩的手指往山上看，当然没有看到焦木枯树。只见眼前一带土冈，稀稀落落长着几棵杨树、槐树，不料车子向右一偏猛然停下，土冈后面露出一段青砖城墙，我们已经到了城门口。抬头看看，券门洞上的石匾刻着“德星聚”三个字，这便是张壁村北门外瓮城的东门了。城头上有一座庙，脊兽顶着滚圆的夕阳，火红的，正冉冉下沉。

进了瓮城东门，右手便是二郎庙的大院子，村民委员会设在庙里。吃过饭，天早已全黑，我们被分开到几处住宿，有的住在农家，有的住在北门内三孔旧窑洞里，那是过去给守卫北门的更夫们住的，叫更窑。也有住在三大士殿的偏屋里的。虽然介休纬度比北京低不少，但地势高，张壁村的海拔超过一千米，所以天气很冷。我们住的房子都有火炕。从第一个晚上起，我们就跟火炕斗争起来，有时候，热得不得了，烧糊了炕席，有时候冰冷，冻得缩成一团，睡不成觉。也有时候火口冒出浓烟，熏得眼泪流淌满面。跟火炕的斗争，我们是败绩累累，后来成了我们对张壁村有趣的回忆之一。

画图和吃饭在二郎庙的大殿里。几位大婶大嫂给我们蒸馍、煮饭。我们要吃土豆、白薯和玉茭面，大婶们咯咯笑，说那都是喂猪的东西。年轻一点儿的大嫂甚至不会蒸窝头、贴饼子。家家都养鸡，但人们只吃鸡蛋而不会料理鸡只，我们中有一个自封为“总务长”的人，夸下海口要教会大婶们做红绕鸡块。第二天一大早，村长就在大喇叭里宣布了这条“好消息”，不料待她们挤满了二郎庙的厨房，却找不到“总务长”了，村长又拿出大喇叭广播找人，“总务长”再也没有现身，有人说，看见他清早搭一辆交通摩托车走了，带着行李包。我们很记挂，大婶大嫂们现在是不是还不会料理鸡只。

我们在张壁村的第一次亮相失败了，但后来的学术工作却很成功，或许可以补偿大婶大嫂们当时的失望。

重回楠溪江[①]

十三年前，1989年，我们到楠溪江流域做乡土建筑研究，工作范围在中游地区，连续在那里奔跑了三年。研究成果在台湾和大陆出版之后，引起过一些读者的兴趣。事隔十年，永嘉的朋友们又邀我们到上游村落做一些工作。

楠溪江是瓯江的支流，瓯江是浙江省南部最大的一条江，干流由西而东，从仙霞岭经枫岭流到雁荡山，最后在温州注入东海。楠溪江在瓯江北岸，由北向南流，汇注瓯江的地方离瓯江的入海口已经不远了，潮水涨落，一直影响到它中游的沙头镇。楠溪江干流全长一百四十五公里，流域面积两千七百四十二平方公里，这便是现今整个永嘉县的辖境。

楠溪江的文明史从下游逐渐向上游发展，经过西晋末年和

① 摘自《楠溪江上游古村落》，河北教育出版社2004年出版。

北宋末年的两次中原衣冠南渡，尤其是五代十国时南闽王氏内乱导致的生民北迁，下游和中游已经人口密集，村聚相望。这些移民，文化水平比较高，很快就使楠溪江中下游村落成为农业经济繁荣的人文荟萃之地。经过他们一代又一代的经营，村落的发育比较充分，除了住宅之外，宗祠、庙宇、书院、亭阁、戏台、牌坊、寨墙、堤岸、水渠之类，凡古代农耕社会所应该有的各类建筑，都已经完备，甚至还有规模不小的园林。到清代晚期，少数几个大一点的镇子上，商业街也已经初步成形。

不过，楠溪江下游隔江对面城市经济发达的温州，古老的村落早已没有了。上游呢？我们在关于中游村落的研究报告里写道："上游的村子比较贫穷，村落的发育程度低，建筑类型少，规划也不大严谨。"因此，我们的第一次工作就把范围限定在中游。中游村落文化蕴涵的丰厚，布局结构的优美，建筑风格的雅致朴实，给我们的研究成果以很现成的光彩。

当时我们对上游村落的评价大体上是正确的，除了昆阳、潘坑、碧莲等几个集镇相当繁华之外，上游山区里大都是些很小的村子，有一些甚至只有"篱落三四处，野屋五六家"而已。宗祠、庙宇，偶然在几个村子里可以见到，大多规模很小，体制也不完备。不过，我们对上游聚落其实很早就发生了兴趣。1991年，中游聚落的研究到了尾声，最后的一幕便是我和当时的硕士研究生舒楠为了证实楠溪江建筑风格的边界，在烈日直晒之下，冒着四十摄氏度出头的高温，步行翻过四道山岭，到张家岸、白岩、佳溪和岩龙去过。带路的是一位复员军人，岩头金姓一族，名字里有一个豹字，他拿出军人豹子般过硬的本事来，翻山越岭如履平地，把舒楠累得中了暑，我的旧布鞋双双掉了底，迈一步响两声“噼啪”。虽然相当艰苦，那一趟却很使我们兴奋。那些聚落，挂在山坡上，谷底流淌着澄澈透明的溪水，哗哗地响。轻巧的木屋，错错落落地层层叠在一起，透过轻雾般的炊烟，好像是一片仙山楼阁。有几个小村，溪水环绕，须得踏着长长的矴步进去。有几个村子连矴步都没有，岸边停靠着小小的竹筏，行人要上筏子，自己撑篙，或者攀着一根架在两岸之间的篾丝缆绳，才能慢慢渡过去。那些村子，即使不在人间之外，仿佛也不在人间之中。凑巧天气多变，偶然有白云缭绕在檐头，灵动幻化，看得我们心迷神摇，不觉就盼望着巫山神女也会在这里飘飘然走将出来。

村舍素雅，大多也有一定的矩度，因地势起伏而稍作自由变化，粗看上去仿佛随宜而生，随兴而长，只求与自然相亲而不受人为的拘束。构架完全是用木材撑起来的。往往用大块蛮石垒砌基座和底层外墙，有光有影，体积感很强，仿佛出自雕塑家之手。但越往山里走，砖石的砌筑部分就越少，到了深林区，有些房子就只剩下一副轻巧的木架子和薄薄的一层板壁了。这样的房子，冬季怎么御寒呢？山风很硬啊！问一问山民才知道，这些房子，看上去那么空灵，就因为四面有一圈外廊，每年秋收之后，檐柱间穿上几根横木，把脱过粒的稻草一把一把地搭到横木上，便形成了防风保温的屏障。房子里一冬天都生火盆，烧的是老树兜，火苗虽然不旺，能保昼夜温和。到来年春天，阳气回暖，便逐渐把挂着的稻草一把把揪下来烧灶火。气温一天天升高，稻草的屏障一天天稀落，到天气热了，稻草也烧光了，房子四面八方都透风，凉快得很。这样一年一个轮回，冬暖夏爽，设想得非常巧妙，或许这也是一种生态建筑设计。我曾经在书本上看到过，两三万里路之外的意大利农村里，有这样的农舍，很佩服它们的巧妙，到了楠溪江上游，才知道原来中外劳动者在这件事上都同样聪明，想到一起去了。

楠溪江流域是个国家级的风景区，中游的山水比较柔美，河谷宽，山势缓，波光闪闪，挎着鹅兜到埠头去浣洗的村姑，只要一蹲下在水边，就融进到自然景色里去了。上游则不然，峡谷紧窄，溪流湍急，山坡陡而郁郁森森长满了树木和毛竹，在这样的图画里，最合适的是再画上一个袒露着紫红色胸膛，挑着沉重的担子翻山越岭的男子汉。南北朝时候刘宋诗人谢灵运曾经当过永嘉太守，他写的诗《登石门最高顶》有句：“疏峰抗高馆，对岭临回溪。长林罗户穴，积石拥阶基。连岩觉路塞，密竹使径迷。”石门在楠溪江上游，那里连绵的山岩把路堵塞了，密匝匝的竹林遮蔽了小径，打开屋门便是森林，岩石一直崛突到台阶下。那种风光既雄浑又苍凉。

上游山民谋生艰难，远不如中游那样水丰土腴，衣食有余，所以读书科举的成绩不像中游那样出色。但也不是一片荒芜。溪口戴氏，宋代出了几位重要的大学者，不过它处于上游中游之间，且不去说它。科名不断的潘坑、昆阳、碧莲等都是集镇，也姑且不提。远在县境西北林区里的岩龙村，没有几户人家，却有一座建了戏台的祠堂，大门前还立着一对狮子，族里出过一位进士。这个小村，在我和舒楠访问之前几天才通了电，当年的读书郎，临窗夜读，未必会囊萤映雪，那么，是燃着竹篾还是燃着油灯？是柏子油还是桐油？在全国各地农村，不论多么偏僻，多么穷困，我们几乎都可以见到大一统的中华典籍文化鲜明的存在。但是，纵然这样，我还是朦胧地意识到，荒僻、闭塞、过着自然生活的山村，必定有过和中游有明显差异的带着点儿野性的民俗文化。它会反映在物质和精神生活的一切方面，包括房舍和村落。而且也意识到，这种民俗文化正在迅速消失，当前已经所存无几，我们将在不久之后便永远失去它们。

所以，我们那时并没有完全排斥到楠溪江上游去研究几个村子。何况，即使是最贫穷落后的山村，也代表中国农耕时代乡土聚落的一种或几种类型，我们要写出中国农业聚落完整的谱系，当然不能没有它们。于是，2001年春季，我应邀到泰顺去，便先到温州，在瓯北雇一辆出租汽车到了上游的林坑、黄南和上坳三个村落。它们的景观大不同于中游的任何一座村落，更自然、更开放、更亲切，也更具诗情画意，而且建筑风格和岩龙、佳溪相比又另有异趣。这次访问大大激起了我的热忱，回到北京便向凤凰电视台“寻找远去的家园”摄制组建议，请他们去拍摄这三个村子。这年夏天，他们终于去了。一到林坑，摄制组的全体朋友被出奇秀丽的景色震住了，他们拉起手，排成一个圆圈，齐声高呼，感谢我把他们带到那里。愉快地拍完片子之后，8月31日我离开温州。9月2日，摄制组的航拍大师赵群力先生不幸在林坑附近因飞机失事而殉职。这件意外事故引起了很大的震动，林坑人怀着山民们最真诚、最强烈的感情纪念他，要给他建一座纪念馆，永嘉县的领导人也决意用保护林坑等三个村子来纪念这位杰出人物。于是，我们接受了邀请，在2002年深秋到了林坑住下，以它和黄南、上坳为起点，着手我们的楠溪江上游乡土建筑研究。

曲径通幽处①

林坑、上坳、黄南三村在永嘉县治上塘镇以北大约八十公里，楠溪江主流大楠溪的上游，接近源头了。从这三个村子向北走，十几里路，便上了分水岭，过去就是仙居县。三个村相距很近，从林坑到上坳步行只要十分钟，到黄南半小时就可以了。

它们现在同属黄南乡，过去属五十二都。这里自古以来就是林区。谢灵运有一首诗叫《从斤竹涧越岭溪行》，据光绪《永嘉县志》，斤竹涧就在五十二都。诗是这样写的：

猿鸣诚知曙，谷幽光未显。
岩下云方合，花上露犹泫。
逶迤傍隈隩，迢递陟陉岘。

① 摘自《楠溪江上游古村落》，河北教育出版社2004年出版。

过涧既厉急，登栈亦陵缅。
川渚屡经复，乘流玩回转。
蘋萍泛沉深，菰蒲冒清浅。
企石挹飞泉，攀林摘叶卷。
想见山阿人，薜萝若在眼。
……

写的是山高谷深，草深林密，溪涧回环，野兽出没，而且洪莽未辟，路人还要登临栈道才得通行。2002年11月，我们来到理只村（古名里崔），海拔虽然只有四百米，但东望海拔一千二百多米的四海山林场，峰峦一层层一直叠到天边，竹木森森，两条谷底里溪水如带，泛着白光，奔流到我们脚下相会。那气势雄伟得惊心动魄，或许当年谢灵运见到的，就是这样的风光。

到楠溪江上游去的交通一向很艰难，都靠在盘旋的山路上步行，直到1991年才修成了一条很窄的从永嘉到仙居去的砂石公路，通过林坑、上坳和黄南。那年我们乘着三个轮子的“蹦蹦车”到上坳南邻李家坑去测绘一座风雨桥，还是这条公路的早期旅客。现在这条路正在改造，叫作四十一号省道，是一条战备路。

2001年春3月，我初次到林坑去，在瓯北码头乘了一辆出租小轿车，逆流而上，穿过整个楠溪江中游。芙蓉村、岩头村、苍坡村，这些十年前工作过的村子，一一在左手边掠过。右手边蜿蜒着清澈的江水，时时有茂密的滩林把它渲染得生气勃勃。钻过渡头村西北的山洞，公路过桥到了江东，河谷渐渐窄了，于是一丛丛杜鹃花就从山坡坡上向车子扑来。到了上游和中游交界的溪口村，我下车去看了一看，这是在宋代出过几位大理学家的村子，十年前我们曾在这里工作，现在旧貌彻底换了新颜，连当年戴氏族人引为无限荣光的存放皇帝诏书的圣旨门也改造成了贴白瓷砖的小楼。一时兴味索然，上车继续往北。大约三个小时罢，到了黄南口。这里是大楠溪上游两条溪流的交点，东侧的是黄山溪，西侧的是黄南溪。靠近交点，黄山溪上架着一条五跨石拱桥。过了桥，沿黄山溪北岸走，公路绕过一个山岬，正在改造的公路在这里打了一条隧道，还没有衬砌，不能走车。往前走，便是有一座风雨桥的李家坑。这是一座古村，“屋舍俨然”，不过老房子比十年前我们在这里测绘的时候更破烂了。新房子布局很杂乱，已经堵到了桥头，它们一般比老房子质量高，但农村的新房基地归土地管理部门划拨，不是“见缝插针”利用老村里的空地，就是干脆“拆旧建新”，利用老房基地，因此，根本不可能考虑整体的规划，老村破坏了，新村也乱七八糟。这是到处都有的现象，我只有叹息，像见到老朋友患了不治之症。

过了李家坑，黄南溪的山光水色变了样，山谷更窄了，山坡更陡了，溪里出现了一处处倔强的礁石，冒着白花的浅滩，碧绿的深潭。水声哗哗，回荡在两岸的石壁间。穿过一个峡口，再转一个弯，眼界忽然开阔，溪对岸绵延着一带房子，有高高的蛮石墙护着。墙后，房屋画出错错落落的天际线。几堵山墙上，原木构架在白粉壁衬托下勾出轻巧的图案，薄薄的屋坡和腰檐飘扬得老远，屋脊那一道楠溪江建筑特有的曲线，那么柔和，那么微妙。这小小的村子，看上一眼，人心就会软下来，感到生活的亲切。这就是上坳村。

溪这边，正对着上坳村，有一个小小的山口，车子左转弯往里一拐，从这时候起，我就成了那个捕鱼为业的武陵人了。山谷幽深，路右边一条小溪，缘溪而行，听水声哗哗啦啦。对岸，紧贴着溪水，陡然耸立起一堵几十米高的崖壁，挂满了藤蔓薜荔，长满了苔藓薇蕨，苍劲突兀，森气逼人。这崖壁叫“大肚崖”，很有林区山民声口的特色。这段小溪就叫“崖埄下溪”，也是顺口而来。我立刻就感到这些名称和中游“芙蓉崖”“五鹔溪”那种由读书人咬嚼出来的雅号的鲜明对比。崖壁尽处，小小一座庙宇站立在临溪的一座高台上，这便是林坑的小水口了。狭窄的小水口把路逼得绕一个弯。前面只见群山簇聚的一个深谷，估计林坑村就要到了，我默默念着“只在此山中，云深不知处”。进了小水口，怀着对大自然的敬意下了车，大约走了百十来步，山峦忽然稍稍后退，让出一个小小的盆地，迎面一个长满了参天大树的小山包，抢前一步挤进盆地，把它分为两岔。岔里各有一条湍急的小溪奔腾在大大小小的礁石间，激起浪花飞沫，滋润得空气清爽新鲜。站在两条小溪的汇合处，抬头四望，我先是一惊，立刻就兴奋起来，眼前是仙山楼阁，循周遭山坡一层层参差重叠上去，构架玲珑，轩廊空阔。但它们梁前翩跹着紫燕，檐头缭绕着炊烟，分明是农户人家。衣衫鲜艳的孩子们趴在美人靠上，呼唤着溪边大石上蹲着洗衣的姐姐和妈妈。也许是太清秀了，洁白的鸭子围着她们浮来浮去，不肯离开。四面轻盈通透的楼台前，老人们闲闲地坐着，抽烟，轻声聊天。这不就是“黄发垂髫，并怡然自乐”吗？

这儿是林坑，这儿是“秦人旧舍”。沉淀在我心底的“桃花源情结”，一下子苏醒过来了，这正是一千多年来中国读书人朝暮渴望的田园。

现在，它在谢灵运歌吟过的奇丽环境中展陈在面前，山水之美和田园之情，那么和谐地结合在一起。陶渊明的桃花源是虚构的，作为安抚“池鱼”和“羁鸟”们的梦。我眼前的林坑，这一幅醉人的图画，也会掩盖着历史的和现实的种种矛盾，但我不愿去触动它，我需要休息、放松，我需要幻想中的宁静和安详。

这个在中国知识分子心理中因袭了一千多年的重担，也同样压在乡野文人的心中，渗透到农耕文明里去。我们曾经有许多次，看到宗谱里族内高人逸士的小传中常用的赞辞“足不践城市，身不入公门”，赋予这种闲云野鹤般的自由生活以一种道德价值。也曾经多次看到，在长长的龙骨水车上，一节一个字，写着“五日一风，十日一雨，帝力于我何有哉”，只要风调雨顺，五谷丰登，“化外之民”就什么都不在乎了。这是一种生活和心态上的满足，而“知足常乐”，就是所谓“农家乐”。

俞源村

1997年春天，我们做完了浙江省武义县郭洞村的调查、测绘工作，秋天到江西省乐安县的流坑村做村落的保护规划，1998年春天，又回到武义，这回的研究对象是俞源村。

俞源和郭洞一样，位置在一条山沟里，青山重重，绿水处处，风景非常优美。1949年以前，它的居民有不少是农业社会里的成功者，虽然山高沟窄，却在沟外平原里拥有大量肥沃的土地，经济很富裕，所以华堂丽屋，整齐可观。两个村子相距只有几十里，不到一小时的车程，风尚习俗并没有差别。我们的乡土建筑研究工作，每做一个课题，首先就得写出它的特点，而不是去重复地写那些到处都差不多的概括过的共性。这是我们工作的难处，也是我们工作的价值所在，我们之所以要在村子里一次住二十来天，还要去几次，就是为了抓住它的特点。这不只是那种浮面上一眼看得出来的特点，更是隐藏在深处的历史文化特点以及它们在环境、村落和建筑上的表现。这是我们的追求，虽然绝大多数村子的历史和民俗文化都早已模糊不清，我们常常感到失落，却仍然坚持着这样的追求。但要寻找俞源与郭洞的差别特点，可不容易。

俞源和郭洞的不同之处在于，郭洞的山沟非常偏僻，只有一个人的出入口，小小的村子躲在里面，宁静自得，仿佛连炊烟都只会笔直地升起。参天古树下的水口村门，把岁月都锁住了。说不定这里就是武陵捕鱼人无意中来过而又再也找不到了的地方。俞源的山沟却有大路通过，山场广阔，溪流又多少能起一点运输作用，俞源人利用这些条件，大都经商致富。这就给村子带来一些新的特点：它的宗法家族制比较弱，没有形成强有力的房派，因此没有建造大小房派的支祠，虽然也以房派的居住团块作为村落的结构单元，但没有支祠作为单元的中心而只有香火堂；而且它的房地产买卖没有受到房派的严格管制，所以各房派的后裔居住得比较杂乱；它的一些富商家大宅的规模显得浮夸；它们的大木作和小木作都很华丽。俞源村的过境大路两侧有一些店铺和作坊，甚至有一般农业村落没有的歇栈，晚期还有些公用设施。俞源人文化心理也比较开放，很早就有书院、赏玩风景的园亭，甚至还有迎宾馆。

但俞源人的商业活动还远远比不上我们工作过的兰溪诸葛

村的居民。他们主要经营山货土产，自己拥有山场土地，赚了钱再来买山买地，资本没有脱离土地，身份也没有脱离地主，因此他们更多地依赖乡土，崇拜自然，市井文化几乎没有萌生。他们中虽然开始有人弃儒从商，但不敢像诸葛氏那样对重仕轻商的传统观念挑战，家谱里给大富人立传，总要说本来可以轻取功名，迫于不得已才去“理家”。俞源人发了财之后赶紧买一个贡生当当，好在家门前和祠堂门前立一棵桅杆。他们的豪宅有一股土财主气，规模很大，甚至很壮观，远远超过了普通农业村落的住宅，但它们都是支系的集合住宅，小家庭的私密性很少，居住质量不高，没有诸葛村的商人住宅那么大小得体、精致、安逸。俞源住宅的装饰雕刻，一方面很少见到农业时代耕读文化的“笔墨纸砚”“琴棋书画”之类的题材；一方面也还没有像诸葛村那样处处可见聚宝盆、刘海戏金蟾、古老钱串之类。在俞源村，对财富的热切追求和炫耀，最强烈地表现在种种风水传说上，也就是对地理环境的自然崇拜上。在诸葛村，风水几乎只关系到最古老的宗法制时代的传统，主要是人口繁衍，而作为“商战之雄”，则靠的是“善操奇赢”，从不附会于风水。俞源村也没有形成一地的商业中心，只有几家小店铺和歇栈，供应本村的财主们和过往路人。

俞源村还有一个特点，就是它的鲜明的浪漫主义色彩。早在明代初年，就有些俞氏族人的先祖们爱壮游天下，交结四方豪杰。一去数年，北至燕赵秦晋，遍访名士贵胄，并且吟诗作画为记，留在宗谱。他们在家乡竟造了一所迎玩楼，拨田二百亩资用，作为招待宾客的场所。大约是这种性格的表现之一，俞源村，里里外外，几乎处处有故事、有神话，连它的种种风水之说也都故事化、神话化了。我们还从来没有见过一个村子有这么多有趣的故事和神话，笼罩在浓浓的浪漫主义气氛之中。故事和神话当然没有多少直接的历史真实性，但它们有感情的真实性，反映着村民的愿望、心理和信念，因此归根到底，它们也折射着历史的真实。只要善于理解，这些故事和神话对认识俞源村都很有价值，它们是民俗文化重要的一部分。

一个商业活动，一个浪漫主义色彩，我们在写作俞源村的研究报告的时候，抓住这样两个特点。但在环境、村落、建筑中的反映都很微妙，很难把握。我们希望读者们能知道我们的用心。

我们的乡土建筑研究，已经干了将近十年了。十年来，我们都是以聚落整体做研究对象，越做越知道，工作中最困难的是认识对象的特点，抓住特点，写出特点。这当然也是最重要的。只有一个个村落的独特性，才能汇合成中国乡土建筑的丰富性和生动性。匆匆做一般化的概括，只会把研究工作引向很狭窄的死胡同，而且很容易会有虚假和谬误。

在俞源村，我们住在洞主庙的圆梦楼里。窗外淌着两条山涧水，深夜躺在床上，听水声哗哗啦啦，奔流不息。山涧水从泉眼里滴出，从树根下渗出，它们不舍昼夜匆匆赶去的地方是钱塘江口，在那里它们投入掀天动地的钱塘大潮。它们在大潮里汹涌，卷起在高高的浪尖上，映着太阳飞溅，闪出自己灿烂的光彩。

2001年

九龙山下人家

俞源村现在位于浙江省中部的武义县。它原属宣平县，宣平在武义之南，但它在县境北缘，与武义县贴邻。1958年4月，宣平县并入武义县后，它就在武义县的中部了。宣平县是明朝景泰二年（1451）平定了一次银矿工人暴动后，为了加强弹压，于次年从丽水县划出设置的，俞源村却至迟在南宋末年已经有了居民，所以它最初属丽水县。

直到1927年以前，武义属金华，是婺州地界；宣平属丽水，是处州地界。处州也叫括州，因为它在括苍山区。婺州属钱塘江水系，处州属瓯江水系，武义和宣平分属两个水系，以樊岭、清风岭、大黄岭、少妃岭、大殿岭一线为分水岭。但俞源却在清风岭、大黄岭的北麓，它的溪水经丽阳川（今名武义江）入婺江、兰江，经富春江而达钱塘江。俞源和武义两个县的联系因此早就很密切，风尚习俗也相近。

俞源过去是宣平县两个最大的村子之一[1]，20世纪中叶已经有大约三百户人家，现在人口早过了两千。它能够发展成为一座人烟稠密而富庶的聚落，自有一些特殊的条件。

俞源南靠宣平的大山区，它位于一个狭窄的山坳里，水田不多，但山区物产丰富，很利于多种经营。有一首山歌唱道：

种田不如种山场，
种起苞谷当口粮，
种起番薯养猪娘，
种起棉花做衣裳，
种起靛青落富阳，
种起杉树造屋做栋梁，
住在高山上，风吹荫荫凉。

多种经营萌生了以贩运为主的早期商业，这便是俞源潜在的优势之一。它在山脚之下，避免了山上的各种困难，而向北出它所在的山坳不远便是广阔而富饶的金华盆地南端的武义平原，水田十分肥沃，这又是它的潜在优势之一。

---

① 另一座大村是陶村，在俞源东北。

俞源也沾上交通方便的利。它位于从武义到宣平的大路上，也便是从婺州到处州的大路上。从婺州到杭州可经钱塘江通舟楫，从处州到温州则可直下瓯江，也通舟楫。因此，古时杭州和温州之间的官私交通都走这条路，也便是都经过俞源。俞源北距武义城四十五里，南距宣平城也是四十五里，正是赶脚人一天路程的中点。加上它正处在山地和平野的交会点上，自然是一个歇歇气，换一双草鞋，吃一顿竹筒饭的好场所。俞源又是地方性小水运的起点。它身边的俞川溪将近二十米宽，虽因多急弯，不足以通舟楫，甚至不通竹筏，但可以在旺水季节流放短木材，乡人叫作“赶羊”。赶下去十几里，到乌溪桥便可以编排外运。别的山货也能从那里经武义江直下钱塘江。俞源得了水陆转运和山货汇集的便利，所以很早就有小歇栈和小商店，村民的性格也比较开放。

单纯依靠山场，依靠官路和小溪，俞源人还是不可能富起来的。他们更重要的是依靠从迁来之始便有的社会和文化优势。大约从明代起，俞源村的主姓便是俞姓，俞姓的始迁祖俞德是南宋末年的松阳县儒学教谕。他有文化，也有比较多的社会联系，爱游历，眼界开阔，重视子子孙孙的教育。到元代末年，俞氏在当地就成了望族。俞源村的第二大姓是李姓，明初始迁祖李彦兴的叔父是一位进士，当过御史。弘治《俞源李氏重修谱序》说李彦兴“读书乐善，仗义丰财”，一到俞源，便娶了当时已经声望很高的俞氏的女儿为妻。李氏也很快成了当地的望族。正是这种社会和文化的优势，使他们能抓住交通和资源的潜在优势，至迟从明代晚期起便经营贩运，再以所得广置田产。他们的田产起初在山坳北口外的村子里，后来扩展到整个武义平原各处，极盛时连金华、宣平郊区都有他们的田产，建起田庄。俞源很快便胜过了远近很大范围里文化教育水平比较低的纯农业村落。在那个宗法制度时代，血缘网络的作用之下，俞源村的俞、李二姓都有七八成的住户经商，并且拥有大量水田。普遍的富裕促进了整个村子的发达，终于烟灶稠密，成了大村。俞源人很狂傲地诌了一句话：“金村、荷漾、溪口，不值俞源金狗。”金狗是清代嘉庆、道光年间本村大财主俞志俊的绰号。金村、荷漾、溪口都是武义的大村。①

俞源的自然形势大有利于它形成一个内聚性很强的村落。它四面环山，谷地狭窄，只有南、北两个曲折的出口。

① 20世纪50年代初，俞源村约1400~1500人口，本村的农田不过千亩，而在外地的土地超过3000亩。土地改革时，本村划为地主的有24户，富农4户。其中超过1/3兼营工商业。裕后堂房份就有36爿店铺，一直开到金华大溪。

南面的出口是崎岖的上山路。北面的出口有一座不高的凤凰山遮挡。由武义平原过来，左右的群山渐渐逼近，绕过凤凰山角，突然就进了四面被山围住的俞源。这样的环境，能够强化宗族成员的认同心理，给村人以有力的安全感。村民称这个地形为“口袋形”，把村子的兴旺归因于它，说它只能往里装财宝，不会往外流失。这样的风水传说，反映出萌芽状态的商业活动还没有冲破村人对生养他们的土地的依恋。

俞源村的山水风光是非常美的。周遭的山，千形万状，有雄奇的，有秀丽的，有峻峭的，有浑厚的，重重叠叠，一层又一层，愈远愈高。几道深沟幽谷，切进群山中去，引出溪水，在岩石上左冲右突，跌扑而下，溅成白花，哗哗地响。当年山上满布浓密的混交森林，四季变换着颜色。水中有鱼，天上有鸟，林子里奔窜着野兽，万类都在这里享受着生命的愉悦。明代初年苏伯衡为俞源人写的《皆山楼记》描绘得很生动：俞源“介于群山之中，其地方广数里，山联络无间断。其溪折行山罅间，首尾皆自高趋下，初于山隙处遥遥望见，是为瀑布。其田皆垦辟山址为之，累石以为畔岸，高高百丈，秩若阶级。其路皆侧径，绿崖悬蹬，临流如曳练，隐见木末。其民居多负山，而因山以为垣墉，散处凡数百家。族大而望于乡者曰俞氏”（见《俞源俞氏宗谱》）[①]。俞、李二姓的宗谱里都说他们的始迁祖是因为爱这里的风景之美而迁来定居的。大约在元末明初，俞源就有了“八景”和“十景”，累世题咏不绝。村民们热爱这片栖居之地，几百年来给几乎所有的山、崖、洞、石，所有的溪、潭、井、泉，都编了引人入胜的神话故事和传说，使他们的生活环境充满了浪漫的诗意。大多数的神话故事和沉香劈山救母有关，周围的山水木石都因沉香的勇敢善良、因他与龙王和二郎神的英勇的战斗而生气勃勃。作为俞源村“发脉之山”的九龙山，传说本来是东海龙宫，沉香用宝葫芦吸干了东海水，龙宫变成了九龙山[②]。九龙山伸向俞源的一脉就叫龙宫山。

村民们也把俞源的富庶归因于当地的山水。这便有了大量的风水堪舆的说法。比如说：东面的九龙山是青龙，东溪水碧；西面的雪峰山是黄龙，西溪水浑。两条溪在村边合

---

① 苏伯衡，博治群籍，元末贡于乡，明太祖置礼贤馆，伯衡与焉。擢翰林编修，乞省亲归。学士宋濂致仕，荐伯衡自代，复以疾辞。后为处州教授。坐笺表误，下吏死。

② 与沉香擒龙的故事有关的仙迹很多，如龙潭、入龙堂、斗龙葫芦、龙宫山、龙鳞石壁、龙宫塌石、龙宫瀑布、龙头眼睛、棋盘石、仙云、仙堂、仙峰岩、天门、乌龟崖、石佛冈、梦山、乌阴坑、天亮坑等。

流，“清水冲浑水，浑水混清水，代代出财主”。俞姓的大宗祠就造在两溪合流之处。俞源大约是风水堪舆的传说最多也最神奇的村落之一，几乎所有的传说，都在解释和夸耀俞源的富庶。因为相传俞氏第五代俞涞的儿子、孙子都和明代开国功臣刘基（伯温）友善，这件事成了俞氏后代的骄傲，所以这些风水传说又常常和刘基发生关系①。

可惜，现在和美丽的神话故事有关的以及和神异的风水传说有关的许多东西都遭到了破坏。在一个科学昌明的时代，这些神话和传说不免都显得幼稚甚至荒诞，但是，它们所映照出来的那些宗法时代农民们的理想和愿望，他们单纯的、近乎天真的自负，是很可爱的，而且具有认识的价值。它们本来可以像林花山鸟一样永远装点着河山，使河山富有灵气。

然而，现在俞源四周的山上连林木鸟兽都已经稀少了。1958年大炼钢铁的“全民运动”中，整山整坡的树木砍了去烧土高炉，连几百年的古老香樟树也一样烧成了灰，把好端端的

① 刘基，字伯温，青田人。朱元璋定括苍，聘至金陵，佐朱灭陈友谅，执张士诚，降方国珍，北伐中原，遂成帝业。授太史令，累迁御史中丞。封诚意伯，以弘文馆学士致仕。被诬死。正德中追谥文成。民间传说中极擅方术风水等。俞氏宗谱中很简略地提到俞涞的儿子和孙子与刘基相识，村民们则夸张为俞涞与刘基同窗等。

农具甚至饭锅炼成了废铁渣。武义有一首新民歌唱道：

山中树木都砍走，
山坑冷坞断水流，
一心炼铁火焰高，
哪怕畲山剃光头。[①]（见《武义县歌谣卷》1989 年）

山上没有了树木，涵养不了水分，青龙也变成了黄龙，两条溪水都浑了，而且雨少了就旱，雨多了就暴发山洪。1960年，赶上全国性的大灾荒，号召开山自救，更彻底地破坏了自然植被。于是，1961年，一场大雨，俞源村里水深一米，浸塌房屋两幢，一座木桥和两座石板桥被冲走，村北溪流下游的堤坝大部冲塌。生态的破坏，到现在还没有动手去恢复，却恢复了过去的老迷信，年年到东南方沉香显过灵的龙潭去祈求龙王保祐。村后向阳的锦屏山上，只见新坟累累，光秃秃不见绿色。清明时节，满山细竹竿挑着的“蟒纸”，在东风中轻灵地卷扬飞动，烧剩的纸灰，高高飘起，悄悄撒落在村庄人家。村

① 武义、宣平一带山区多畲族居民，所以把山叫畲山，前宣平县城现在叫柳城畲族镇。

人们现在把锦屏山叫作大坟山，忘记了它过去美丽的名字。当然更没有人知道“金屏红旭”曾是宗谱中记载着的《俞川十咏》之一。俞缪的诗这样写着：“红日光从海峤腾，重重瑞气霭金屏。景添晓色山川胜，千古钟英此地灵。”金屏就是锦屏，那景色可就全变了。

俞源人过去拥有的大量农田在20世纪50年代初期的改革中失去了大半。以后，竹木砍光了，硬炭烧不成了，靛青淘汰了，苎麻也不种了。新建的武义到宣平的汽车路从村北几里路外的宋村转弯，不再经过俞源，它成了交通的盲肠。俞源人赖以致富的资源和交通优势都不再存在。过去全宣平县数一数二的富村俞源，成了贫困村。幸而近年重新有了转机，不少年轻人外出打工，收入不错，甚至有人自己买十几个座位的中型客车，专跑武义、王宅，一天能赚几十块钱。听说现在孩子们读书成绩都很好，或许俞姓人、李姓人的书香传统还能重新振兴俞源。但青龙也还得及早唤回！

苍坡村

都说乡土建筑是一本乡土生活和乡土文化的历史书。乡民们想些什么，做些什么，村落和房舍就记录下什么。

楠溪江村边的路亭里、村中的水阁里，美人靠上靠着的是些满脸风霜的老年人，他们把楠溪江人的遗闻逸事一遍又一遍絮说，一代又一代流传了下来。这些遗闻逸事，在乡土建筑这本历史书上都能读到。田夫野老最爱说的故事里，有几则发生在小小的苍坡村。

苍坡村的东面和南面，平展展几百亩水田。秋熟时节，夕阳下，橙红色的稻叶像遍地的火焰，一直烧到苍坡村寨墙下。村子的西面和北面，层层叠叠的山峦，青绿色，倒像汹涌的海浪。这村子，初建于五代后周显德二年（955）。

溪水从西北来，快快活活流进苍坡村，曲曲折折在小巷里流过，把清凉和洁净送到家家户户。流到村子东南角，寨墙加高加厚，把水拦蓄成两个大大的池子，一个在东，叫东池，一个在西，叫西池。

村子的正门开在南寨墙上，两个池子之间，偏一点儿西。传说苍坡村跟南面的霞美村有世仇，各自在风水上斗法。苍坡村的正门前辟了两亩来大的一泓半月形的水池，抵挡霞美村施射过来的煞气。池里荷叶田田，池边蒹葭苍苍，衬托着质朴而雄壮的寨门。那寨门，结构刚健，显出乡民的性格。

一进寨门，便打开了历史书，左边一页是西池，右边一页是东池。夹在两页之间的，是李氏大宗祠。传统农业时代，宗祠照管着村民生活的一切方面。它最关心的两件事，一是聚亲睦族，一是科甲连登，事关生存和发展。

那西池一页，记载的是半耕亦半读的生活理想，祠规教导："耕为本务，读可荣身"。耕读的理想，要风水来寄托。

村子的西方有一座山，三个尖尖的山峰，齐齐地并肩而立。村人说，那是笔架。西池宽阔，村人说，那是砚池。笔架山正巧倒映在砚池中，村人说，那是"文笔蘸墨"，权把笔架当作笔尖。真正的笔在西池北岸，村子的主街，它又平又直，正对笔架山，就叫笔街。砚池北岸还有小小一方空地，躺着三根几米长的石条，便是墨锭。其中一根已经研磨过，端头有一点儿斜。笔街以北，展开村子的建筑区，几条巷子，把它划成竖格，那不是笺纸又是什么？

笔墨纸砚，文房四宝，一一都齐全了。年轻的读书人啊，你们还缺什么？缺的只是你坐下来，静心息虑，刻苦攻读了。“朝为田舍郎，暮登天子堂”，这样的机会，只等你自己去抓紧。前辈们成功的榜样，你们不是已经看到了吗？三退巷和儿间巷里整整齐齐的大宅子，便是“书中自有黄金屋”的明证。

再看东池那一页历史。东池不宽，南北向倒有一百几十米长。北头有一座水月堂，南头是兼作拦水坝用的寨墙。墙上立着一座望兄亭。水月堂和望兄亭都说着同样的故事，两个故事，一个发生在北宋末年，一个在南宋初年。

水月堂的故事略略有点儿叫人凄然神伤。徽宗时候，苍坡八世祖李霞溪任迪功郎，他哥哥李锦溪任成忠郎，兄弟友好，情深意切。李锦溪在宣和二年（1120）随童贯征辽，不幸战死沙场，为国捐躯。李霞溪心碎肠断，不能再在汴京当官，就辞去职务，回归故里。这时候东、西两池已经形成，他便在东池北头水中央造了这座水月堂，住在里面，日夜思念兄长，“寄兴觞咏，以终老焉”。

望兄亭的故事有点儿浪漫。南宋高宗时候，七世祖李秋山、李嘉木两兄弟感情深笃。建炎二年（1128），李秋山迁徙到东面两里路外的方巷村。弟弟每天一早就站在寨墙上向东远望，等待哥哥踏着田间的卵石路走来，“会桃李之芳园，叙天伦之乐事”。晚上，弟弟送哥哥到方巷，哥哥再回送弟弟到小溪边。弟弟进了苍坡村，先到寨墙上摇一摇灯笼，哥哥见了才放心回家休息。天长日久，弟弟在寨墙上造了望兄亭，哥哥在小溪边造了送弟阁。两座亭子遥遥相望，一模一样。望兄亭上的对联，写的是：“礼重人伦明古训；亭传佳话继家风。”这古训、这家风，就是告诫子弟，家族内部，大家要相亲相爱。宗族的内聚力是宗族兴旺发达的基本条件。

西池东池，两页书写的是农业社会中关系宗族命运最重要的两件大事。

还有第三件大事，那便是敬祀神明。大宗祠的东南侧，西池东池之间的中缝里，十世祖李伯钧于南宋孝宗淳熙七年（1180）造了一座仁济庙，庙里供的是平水圣王周凯。他是西晋人，能治水患，屡显神异，唐时封为平水显应公，宋时加爵护国仁济王。水是农业的命脉，在农业社会中，管水的神总会受到特殊的尊崇，不论是兴水利的还是平水害的。或许因为他是水神，所以让他的庙三面临水，东面是东池，西面是东西两池之间的一个小池，南面则是连通东西池的一道渠水。临水的三面都用敞廊，设美人靠。人也亲水，庙也亲水，异常的轻灵妩媚。庙里的院落，竟也是一池水，种着莲花，清香四溢。庙融进了园林里，人性化了。人性化正是乡土神灵的特色，他们用慈爱的心，抚慰人们的痛苦，给人们以生活的希望。

岩头村

火热的太阳底下，一队破衣烂衫的人，各挑一副沉重的大筐，紧捣脚步，走进岩头村的东门，献义门。这些是脚夫，他们给老板从乐清挑盐到缙云去卖，路过岩头，这楠溪江中游最大的村落（占地十八点五公顷），江西岸唯一有商店的村落。它创建于南宋初年，或说初建于元代延祐年间。

进献义门，向南一拐，便是一条三百米长的商业街。街东一溜店铺，店面前搭出厦廊，覆盖着整条街。脚夫们放下盐担，斜倚到街西的美人靠上，点一袋烟，吹一身风。美人靠外，一带长湖，莲花莲叶，一直铺开到远远的对岸，岸边粉壁青瓦，闪闪像鳞片。缕缕的炊烟升起，微风送过来苦味的柴香，叫脚夫们仿佛感到灶头的温馨，渐渐退尽了汗珠。这长湖叫丽水湖，是岩头村十八胜景之一，这街，叫丽水街。街廊上有一副对联，写的是：“萍风碧漾观鱼栏；柳浪翠泛闻莺廊。”又观鱼又闻莺，这里难道是商业街吗，歇在美人靠下的人是为了可怜的几个脚钱奔走在艰险山路上吗？怎么不是呢？那分明是七十二间小店，柜台上陈列着烟草、煤油、洋布、食盐、火柴，还有几罐浸着杨梅的烧酒，深深的紫红色。

献义门这头，丽水湖的北岸，有一座茶馆，泡一杯土茶，跟过往的人谈谈各路异闻奇事，很能解乏，但要花几个钱，脚夫们不去。他们顺弯弯的丽水街南下，到尽头，是乘风亭。亭子里有泡着暑药的凉茶，有备足了柴草的锅灶，脚夫们可以免费喝茶、点火，把随身带来装着糙米和霉干菜的竹筒往锅里一煮，一忽儿香气飘出，竹筒饭便熟了。亭子的柱子上挂着一串一串金黄色的草靴，行路人翻过脚底板看看，鞋底磨穿了，取下一双来换上，也不必付钱。亭里有一副对联，写道：“茶待多情客；饭留有义人。”善心的主人称辛苦的过客为多情和有义的人，问饥问渴，多么仁厚。他们温暖的关怀，叫为生计奔波的人懂得了乡情，认识了乡亲。

丽水街本来是一段兼作拦水坝的寨墙，叫作长绛。丽水湖便是由它拦蓄而成的。嘉靖年间金氏桂林公建设岩头村水利工程时候筑成。初时河绛上作为子弟们演习骑射的场所，以防萎弱，而且事关全村风水，规定“只许种树莳花与建亭点缀风景而已，不与筑屋经商”。后来，骑射荒废了，河绛成了道路，“挑盐过缙云，一天一分银”，从乐清来的盐贩络绎不绝，以至“民元以来，商业日渐发达，四处商贩云集，市场扩大”，河绛一带，终于“悉已筑为商店”，“风水迷梦，今则破除之矣”。

挑脚的人从乘风亭南侧出村，丽水街到亭子结束。河绛在这里转向西走，兼作岩头村的南寨墙，又拦蓄成了镇南湖和进宦湖，形成楠溪江中游村落中最大的公共园林。乘风亭前三跨的石板桥，叫丽水桥，造于嘉靖三十七年（1558），是丽水湖和这个风景区的分界线。一棵古老的大樟树，远远伸出枝丫，俯身爱护着它。

公共园林包括河绛、琴屿以及琴屿南北两侧的镇南湖和进宦湖，西端还有一座小小的汤山。河绛上古木参天，荫蔽着一座接官亭，又叫花亭，造型很别致。琴屿上满种木芙蓉，粉的、白的，还有朝粉暮白的，夏秋两季，开得热热闹闹，像锦云一片。琴屿西头，汤山东麓，造一座塔湖庙，庙门外搭着个戏台。庙右手是森秀轩，桂林公的书斋，轩后小院里凿一方右军池，流水潺潺。庙左手是文昌阁，面对不大的智水湖。阁后，汤山顶上，立一座灰白大理石的文峰塔。汤山北麓，是祭祀桂林公的专祠水亭祠。这公共园林是在乡文人的活动场所。他们在里面读书、吟咏、作画、垂钓，涵养性情，欣赏四野里大自然的蓬勃生机。

专祀桂林公的水亭祠，本来是桂林公造的书院，和文峰塔、文昌阁呼应。楠溪江下游任何一个村落，都决不怠慢读书，何况岩头金氏这样的大族。村人们到现在还口传宋代大学者叶适。

曾在岩头读书，说起来很觉得光彩。更光彩的是岩头村北门仁道门口金氏大宗祠前的进士牌楼，是明世宗赐给大理寺左寺右寺副、端州知府金昭的。牌楼八米多高，少年读书郎，吃力地抬头仰视，心中会涌起多少羡慕，多少憧憬？从北门进来的那条南北主街，便叫进士街。

进士街南头，横街的丁字路口，把角两家店铺，外檐装修很华丽，村民叫它们苏式店面。商业刚刚萌芽，行旅稍有往来，岩头村的建筑风格就开始走向多样化，显见得眼界宽了，心思便也活了。

横街向南，有四条直街，街上曾有连排十几座三进大宅，传说也是桂林公主持统一建造的。太平军战争的时候，世仇枫林镇告发岩头村勾结“长毛”，官兵来烧了这一大片。后来在老基址上造了些小房子，它们的墙脚还砌着大宅的残石，可以想见当年的豪华。

大宅最多的是浚水街。七米多宽的街，二米多宽的水渠。

水渠从村北二里左右的五溪引来，进村子西北角，形成上花园，以后分前浚、后浚，前浚向东，又形成下花园，并且分支流经大半个村子，从北头注入丽水湖。后浚顺村子西部的浚水街南下，在水亭祠西南角汇合汤山北麓从西来的水渠，注入塔湖庙风景区的几个湖里。这是由元代日新公开始，明代桂林公扩大并且完成的引水工程的主体，是楠溪江中游最大、最成功的水利工程，快五百年了，现在还滋润着全村人的生活。

蓬溪村

当过永嘉太守，在楠溪江写下中国最早一曲山水诗的谢灵运，于南朝刘宋文帝元嘉十年（433）在广州遇害之后，他的次子扶柩回永嘉，建墓于温州城内飞霞洞侧，并定居在温州城里。后来，“诜五五公游楠溪，见鹤阳之胜，又自郡城迁居鹤阳”，时间在北宋。鹤阳村在楠溪江中游东北、鹤盛溪畔。子孙繁衍，逐渐分出新村，沿鹤盛溪的有鹤盛、鹤湾、东皋和蓬溪等。在整个楠溪江流域，谢氏村落有二十多个。东皋和蓬溪大约建村于南宋。谢氏的总祠在鹤阳，那里供奉着谢灵运的神主。

楠溪江村落的选址看重风景，或许因为脉管中流着康乐公的血，谢氏村落都在山水最美处，其中尤其是鹤阳和蓬溪。楠溪江村落的选址又看重安全，鹤阳和蓬溪也是道路险阻，很难进入。楠溪江房舍多用蛮石原木，本性、本形、本色，经几片粉壁勾勒衬托，如画如塑。鹤阳和东皋，在竹树掩映中，这样宛自天然的房舍像谢灵运的诗一样清新。

鹤阳、东皋两村，都要走过鹤盛溪上长长的矴步才能到达。东皋村寨门前的矴步，全长一百二十一米，二百一十一步。矴步又叫过水明梁，一步一块母矴，隔六七步，有一块母矴旁边附一块子矴，便于对面行人避让。楠溪江民风淳厚，乡民习惯，矴步上，男让女，长让幼，空手让挑担，轻担让重担，夏季山洪过后，整修矴步，全村男女老少一齐踊跃，溪滩上人影穿梭，号子声和着水声，沉重中透着欢快。溪边小亭里，石碑上刻着一次次的整修，出钱出力，琐屑必录，叫人们永远记得公益事业的高尚。

蓬溪村的形势最险固。它在一个袋形盆地里，四围高山重重，只有北面缺口，却又被鹤盛溪封住。先人们凿山开路，在溪西绝壁上架起一里多长的栈道，村子才能出入。小心翼翼走过栈道，村口叫霞港头，鹤盛溪在这里一个反弯，霞港头正对弓背，好在岩体坚牢，不怕冲刷。不过，为了更加可靠，霞港头上造了一幢关帝庙。关帝降妖伏魔，镇灾禳祸，楠溪江各村的水口大都有他的香火。和各村的关帝庙一样，蓬溪的这一座也是大庇各路神仙、老爷娘娘，数十尊泥塑木雕，济济一堂，甚至有孙悟空在场。乡民们无论有什么困苦，什么请求，什么愿望，都可以来叩头烧香。说是“有祷必应”，不知谁来验证。溪边一棵巨大的老樟树，千枝万叶，像云盖一样遮蔽住庙前的广场。广场上逢年过节演戏，舞龙，是全年仅有的娱乐，点缀日出而作、日落而息的宁静单调的生活。

绕过霞港头，山坡几座小祠堂，都已残破。一座亭子，玲珑轻俏，位于高台上，这是康乐亭。康乐公的肖像已经现代化了，他昂首向天，神情孤傲，或许正是这种性格，使他在广州被杀。康乐亭是蓬溪年轻人的聚会之地，从朝到暮，甩纸牌的噼啪声不断，他们大概已经不知道祖先曾是一位伟大的诗人，更不知道他在流连山水的时候，也写过“未厌青春好，已睹朱明移。戚戚感物叹，星星白发垂”这样的诗句。

康乐亭前一条主街，从北向南，笔直。街西建筑区，街东便是广阔的潴湖，山水所汇。这是“水聚天心”。湖中央螺髻青碧，小岛一座，美丽的名字叫凤凰屿。岛外东南方层叠的群山上有圆锥形高峰，那便是文笔峰，正在巽位。街西的谢家祠堂，存著堂，正对着它。文笔峰倒映在潴湖中，形成“笔入砚池”的风水，大有利于发荣科甲。虽有好风水，蓬溪谢氏文运并不发达。谢家子弟，空负了桃源仙境。近几十年里，山林伐尽，泥沙俱下，潴湖已经淤成了稻田。

早在谢氏未来之前，蓬溪已有李姓人居住。南宋时候，出了一位李时靖，咸淳元年（1265）进士，传说还是状元，故宅北侧辟了一条不到百米的又平又直又宽的街，铺砌得很精致，便叫状元街。《永嘉县志》里记载，朱熹在浙江东路常平盐茶公事任上，曾经到楠溪江访问几位大学者，其中就有李时靖。所以蓬溪村有几处传说是朱熹的遗迹，一处是村口船崖上摩崖石刻“钓台”两个字和一首诗：“观鱼胜濠上，把钓超渭阳。严子如来此，定忘富春江。”1985年炸开悬崖筑公路的时候全毁掉了。一处是凤凰屿南麓的两块大石壁上的刻字，“把钓”和“索觞”，字迹拙劣，是年久蚀损后重新剔过的。最后一处是一座住宅砖门头上的“近云山舍”四个字。山舍是清代晚期造的，据说这家人把手迹代代留传了下来，不过，刻上门头之后却把原件丢失了。江南各地，口传为朱熹的题字很多，大都是伪托，蓬溪村的也不大可能是真迹。不过，乡民们谨谨慎慎地珍视它们，以它们为荣，心中对文化的尊崇之情却是非常认真的。

蓬溪村的住宅多内向，院落谨严，三合或者四合，两层，有腰檐。相传为李时靖故居的，非常简朴，单层，四面板壁，檐口低矮，用方形木墩为柱础，看来久经风霜。村里有几幢大型住宅，其中一幢造于明代，传说当年它主人的表弟在这宅里住过，后来任南国子监祭酒，写文章提到过它。这幢大宅，屡经修缮，布局已乱，大致是主体七开间，三进两院，左右各自有跨院。整个大约有七十多间房间。重要的特点是，两进院落都是水池，前院中央有甬路，水池一分为二，后院则是整个一方大池。内向的住宅外，村景不免沉闷一些。

鹤阳和东皋，还有蓬溪，都有许多住宅，木石天然本色，加工无非用双手，它们带着生命原有的气质，与天地间一切生命相亲和。它们布局外向，就像乡民一样坦诚，使陌生人走进村子，便感到亲切，自信能够受到主人欢迎。这便是楠溪江的性格。

2007年冬

楼下村掠影[①]

我们在楼下村的工作其实还包含着另一个自然村，南山村。南山村在楼下村的东南，两村之间相距不过几十米，这间隙里还散布着几幢零星的房子，以致不留心就看不出这是两个村子。作为两村的界线的，是一条曲曲折折的山水沟，在高处大致是由西向东流，然后下了陡坡，向北流，穿过垟田，到鲤屿西北角跟自东面垟头村来的另一条大沟汇合，成了真正的溪。这山水沟大约只有一米宽，两边长着茂草，几乎把它遮住。我们来来回回走了许多趟，经乡人提醒才意识到它。

南山村的地势比楼下村高，房屋少得多，分布比较零散，而且质量和规模也明显不如楼下的。

楼下村和南山村一起，从西到东，总长大约五百三十米，

① 摘自《楼下村》，清华大学出版社2007年出版。

最宽处在楼下村，大约三百五十米。有三条主要村路从西到东贯穿全村，大体循等高线走，但上面两条，在中段登高像一道岭。有些断断续续的短路连接它们，坡度很陡。

楼下村的水口在西北端，我们天天早晨从狮峰寺来便经水口入村。水口的上手山坡以前本有一大片树林，前些年被伐光，建了小学校。现在只剩下一棵大榕树，小学校的围墙本来正好要通过它的位置，但绕它转了半圈，把它隔在墙外，保护得很好，教人看了欢喜，觉得学校毕竟是个传播文明的地方。

水口的下手山坡是一座“仙宫”，供着各种神灵。它背对水口，从它的后墙根进村，路分两支，一支向左下陡坡顺“仙宫”的东南墙走向村政府前，最低的一条村路就从这里开始。另一支向右走大约一百多米来到刘氏宗祠左前角，又分岔，一支绕到宗祠背后再转向东南走，这就是最高的一条村路。另一支到宗祠的右前方向右上坡，再分岔。继续向右的一支，与最高的村路相接，在这个接合点向上走一段路便是王氏宗祠，向左偏一点便向东南走去的一支逐渐散乱。最高的那条村路，一下坡，在楼下村与南山村之间，有一座单间的“翠竹湖宫”，模样和名字一样可爱。再向前走，到南山村中央，向北一拐，下了陡坡。在那一拐的怀抱里，有一座“五显神庙”，村民们叫它“众厅”。中间那条村路在散乱了之后，一条小支岔走出楼下村，那里有一座属于南山村的“宫”。

最低处的那条村路，西端有几家店铺。排板门，一开间至三开间不等。铺面大多是旧有的，1949年以前，那里有杂货店、水产店和染布作坊等，商业比现在还多一些，是柏柱垟里唯一的“商业街”，更繁华的便是十七里外的溪柄街了。50年代初，社会大变动之后，店铺停业了，只有一家供销合作社门市部。近十来年，才恢复了几家店铺，供销社门市部也造了一座砖木结构四开间的新房子。小店卖油盐酱醋、糕饼糖果、火柴香烟、甘蔗甜橙和小学生的笔墨纸张。有两家小店在角落里立着个冻箱，存着些海杂鱼。①营业的时候，卸下门板，在门前搭个摊子，就把杂鱼、海带、鲜菇之类摊在上面卖。

居然有两家药店，卖药的懂得一点皮毛医道，能向农民推荐用药。我们中的一位患了感冒，咳嗽，去买药，对症的药的有效期已经过了十年了。我们问老板，这药怎么能治病，他满不在乎地一笑，说：“农民嘛，就这样！”宋人陈宓写了一篇《惠民药局记》，里面说：福建“俗信巫尚鬼，市绝无药，

---

① 最多的是风鳝鱼。光绪《福安县志》：“俗呼烂蛇，首似龙形，身白如银鱼。无皮鳞，骨软弱。霜降后渐肥而甘。……干为龙头鲓。”就是我们吃过几次的龙头鱼。

有则低价以贸州之滞腐不售者，贫人利其廉，间服不瘳，则淫巫之说益信。于是，有病不药，不夭阏幸矣。诗曰：‘蓝水秋来八九月，芒花山瘴一齐发，时人信巫纸多烧，病不求医命自活。’呜呼，兽且有医，而忍吾赤子诞于巫、累于贾哉”？现在“低价以贸州之滞腐不售”之药，仍在继续，青牛山上的“五谷仙宫”里还有人烧香摇签求药方。这一千年的岁月悠悠，某些世事却未必有根本的改变。

有一位药店老板兼写对联、斗方之类出卖，常有墨迹淋漓的作品铺在街上晾干。内容抄自一本《楹联大全》，虽是近出，却依旧是陈词滥调。

供销社的商品多一点，日用品比较齐全，还有农药、化肥、柴油和农用塑料薄膜。

顺这条街向前走，有几十米的一段，右边为拓宽街面而拆掉了一些老店铺，现在补上了红砖墙。有一幢大型住宅也被拆掉了一角，这一角正是一个地窖所在。地窖已经暴露，被填平了。我们丈量了痕迹，深一百八十厘米，当年大约是贮藏些什么值钱东西的。

街的东南口上，有一座小小的单开间的庙，供着土地公公和“泗洲文佛”，是楼下村的。在刘氏宗祠左前方十来米还有同样的一座，天天都有一伙人蹲在里面打纸牌。

最低的街，地形最平，几乎没有起伏，曲折也不大，两侧密排着房屋。上面两条，地形高低起伏剧烈，道路左拐右弯，房屋稀稀落落，间隔很大，有些完整地展现出轮廓优美、山墙飘逸的侧面。空地上点缀着一些椿树和棕榈树，挺拔而清秀。这一部分的景观寥廓、明朗并富有变化，跟我们在浙西、皖南和赣北见到的基本上以小巷组成的村落大不相同，使我们感到很舒畅。

视野最开阔的是楼下村的刘氏宗祠和王氏宗祠。它们都在高坎上，王氏宗祠居全村的最高处。宗祠前面有很大的空场，从门前远望，青青的马上山像屏风一样展开。我们从鲤屿背上看村子，两个宗祠清晰地呈现在重重叠叠的瓦顶之上。楼下村水口边的“仙宫”，右侧也有一个大空场，这里是举行崇祀仪式的地方。宗祠和“仙宫”，是全村的几个公共活动中心，位置适当，而且有足够的面积。现在，王氏宗祠已经被改成初中校舍，门厅戏台被拆掉，享堂明间放着两张乒乓球桌，次间加了夹层，上面是教师住宅，下面是办公室。原来院落的右侧造了两层的教室楼，整齐而亮堂，女孩子们穿着红红绿绿的花衫，课间休息时挤在走廊上看男孩子们在下面打篮球，洋溢着活泼的生气。刘氏宗祠锁着大门，里面已经租给人家育菇苗，前面的空场上正晒着新谷，一片金黄。“仙宫”的院子和右侧的空场也都用来晒新谷，甚至戏台上都晾着谷子！

三十幢左右的大型住宅分布在三条村路的中段，越往下越多，在最低的那条路的北侧，垟田的边缘上，有十二幢大型住宅，分前后两排，一幢挨着一幢，又和路南的四幢接连成一大片。在这一片住宅区里走，两侧长长的、高高的夯土墙，淡淡的土黄色，斑驳粗粝，沉闷而苍老，仿佛隐藏着许多故事。只有几个披檐门头，斜看过去，也不见出色。有一天，为了测量，我们爬到了位于巷子尽头的一幢大宅子的阁楼上，推窗一望，意外的景色把我们惊呆了。那些住宅，好一派壮丽气象。轻巧而体形丰富多变的山墙，两端尖尖的高翘的脊尾，向上升腾的火形屏风墙，白粉壁映衬着栗色的木构架，一层又一层，远远铺开过去。在飘飘洒洒的屋顶下，往昔的富丽豪华依然可以清晰地想见。抬头遥望四周触天的山峦，我们禁不住要问，在这个荒僻的山地里，怎么会有这样的一个村子？

中小型的住宅很少，零散在高处的两条村路上下，年代大都比较晚近，有些甚至是新造的。

楼下村所有的房子，也包括宗祠和“仙宫”，一律朝向东偏北大约十五度。只有泗洲佛的小庙朝向东略偏南。东偏北有马上山的两个锥形山峰，一个便是狮峰寺的朝山，八百二十五米高的，另一个在它的东南，稍稍矮一些。有些房子正对着前者，有些对着后者，相差小小一个夹角，不到五度。背后则对着西南的笔架山。前面两个锥形山峰并列，也像一座笔架，乡民因此把马上山叫作“前笔架山”，把笔架山叫作“后笔架山”。面对笔架，大有利于文运，许多大宅子都把它写进大门门联，例如：“此处文峰容架笔；吾家世业本传经。”“鲤屿祥辉昭户宇；笔峰爽气起人文。”为了喜兴，柏柱垟过去就叫双峰乡。

南山村的房子，一部分也面对前笔架山，但背后便不可能对后笔架山了；另一部分则向西面对后笔架山，背后是东方的群山，山峰参差，笼统叫作“八仙山”。有一天，我们访问村中被叫作“寻龙先生”的风水师郑成祥（1930年生）。他的口音我们一点也听不懂，我们的话他也听不懂，只好找一位高年级小学生当翻译。才说了几句，小学生便败下阵来，于是请来了小学老师。她也不大听得懂风水师玄奥的学问，翻译非常困难。我们彼此猜谜语，笑话百出。堵在房门口和窗外的男女老少嘻嘻哈哈，觉得好玩，有时候也插嘴帮忙翻译几句，越译越乱。断断续续，我们听明白了老风水师解释的南山村在各方面都落后于楼下村的原因：南山村的风水原来非常好，远远好过楼下村的，因此宋代出了一个进士，叫“郑武成”。他到朝中做官，带走了风水。他再也没有回来，南山村从此衰败了。

风水之说固然荒诞不经，但“郑武成”却引起了我们的大兴趣。回来之后，在《福安县志》上寻找了几遍，原来，不是郑武成，而是郑虎臣，不是进士，而是“会稽尉”，生于宋嘉定十二年（1219）。奸佞贾似道远谪南荒，郑虎臣自请为押行官，到了清漳县城外木绵庵中，郑虎臣杀了贾似道，自缚请死。《福安县志·山川》记：“狮峰在县南四十里……其下为柏柱村，宋郑虎臣居此。”《古迹》又记：“会稽尉郑虎臣墓，在柏柱阳（应为垟）头村，康熙五十年……准立墓道勒碑。道光五年重修。”重修时建祠。柏柱村指的就是南山村，阳头村就是垟头村，在南山村东二里，祠、墓今存。那篇《重建柏柱仙宫募捐倡议书》里写着“虎臣祠流芳千古”，指的就是这座墓祠，我们当时没有注意。福安又有三贤祠，祀本邑历史贤士，除郑虎臣外，有唐神龙二年（706）进士、开元中曾任左补阙兼太子侍读的薛令之。还有南宋末年的谢翱均以清廉闻，他的老家得名为廉村；谢是著名的义士，文天祥的追随者。明李东阳有诗咏郑虎臣杀贾似道事：“君王不诛监押诛，父仇国愤一时摅。监押虽死名不灭，元城使者空呕血。”郑虎臣墓祠内有相传为文天祥撰的对联：“作正气人都为名教肩任；到成仁处总缘大义认真。”联和诗都歌颂了郑虎臣的大义正气。南山村，这个衰落而洋溢着浓重慵懒气氛的山村，原来有过这样的一位义士，真是难以想象。教我们深深觉得遗憾的是，我们在南山村工作了好多日子，竟没有一个人向我们提起这位英雄，他的一位识字能文当寻龙先生的子孙竟连他的名字都写错了，而且还埋怨他带走了风水。

不过，村民外迁，会带走风水福气的说法，至今在乡民中还很当真。就在我们工作期间，有一位楼下村王姓的女儿出嫁到山背后的松萝村去。我们追着花轿照相。轿子抬到刘氏宗祠左前方的路口，那里设着一只香案，新娘下轿拜了两拜，留下了一些钱，才上轿接着赶路。我们打听这叫什么仪式，正在收拾香案的老人说，这是为了叫新娘留下楼下村的风水福气，不要带走。“嫁出去的女儿泼出去的水”，这种防范真够绝情的。

1995年冬

狮峰寺一日①

晨前四点半，我们在钟声和木鱼声中醒来，“罗衾不耐五更寒”，蜷缩在盖不住双脚的短小被窝里等待天亮。到窗帘上朦朦胧胧影出疏棂，阶前放生池里鱼儿的泼刺声渐渐紧密，我们起床，洗漱。和尚师父们散了早课，嘴里嘟囔着匆匆走回禅室。跟他们打过招呼，我们便轻轻推开了庙门。

庙门对面一排壁立的高山，隐隐被天空衬出坚硬锋利的轮廓，山脚却消失在静静的一抹浅蓝色的烟雾里。烟雾又衬出一溜小丘冈浑圆柔和的轮廓。从门前高高的台阶往下走，正前方笔架山峰尖上忽然闪出明亮的金色，它捕捉到了扑过来的第一绺阳光。小小的盆地醒来了。

踏着弯弯曲曲的石子路向东走去。右边坡上一层层梯地种

---

① 摘自《楼下村》，清华大学出版社2007年出版。

着的茶树正盛开花朵。左边坡下，是一片又一片的茉莉田；不是花季，花朵却也不少。茶香和着花香，熏得我们神清气爽。一群群的雏鸭迎面过来，准备到收割了的稻田里去过富足的日子，我们恭敬地肃立在小路的边边上，谦卑地向它们微笑致意，它们却惊慌失措，嘎嘎叫着，乱作一团。待牧鸭人小心翼翼把它们哄过去，我们才继续往前走。转过一个山脚，上几层小坡，前面一棵大榕树和几丛水竹的剪影，勾勒出疏疏密密一幅铁铸的图画。水竹丛中隐隐呈现一座庙宇，尖尖的檐角高高挑起，刺破了薄雾。薄雾漫射着晨光，给图画罩上似梦似幻的恍惚迷离。这是村子的水口，也便是村口，后面躺着宁静的山村。

走进图画，小学校的大门已经打开，时间还早，只有零零落落几个女孩子，衣着鲜艳，款款来到。教师宿舍的窗里，早起的灯光还没有熄灭，有几个学生在拍门。我们从门前过去，不远，来到一个空场边上，这时候，东方山顶上散发出一片片鱼鳞般的红云，漫涌过来，越过头顶。刹那间，阳光打到了场子边长长一带金黄色的墙上，灿烂光明，照着“中山世裔”四个大字，这是刘氏宗祠前的影壁。

我们在宗祠右侧一座小小的农家吃早餐，甜甜的番薯稀粥，大大的碗。一阵阵穿堂风吹来，有点儿冷。吃饱了，身子暖和过来，大家分头到村里挨家挨户去做我们的工作。有的绘图，有的量尺寸，有的拍照，有的缠住老人家问东问西，问古问今，听不懂话，手脚一起参加解释，时不时因为发觉了误会而哈哈大笑。累了半天，中午再回到这家吃午饭，有绵软的大芋头，偶然还有滑溜溜的三寸来长的龙头鱼。

四周围山高，太阳出来得迟，隐去得却早。两点半钟，山影便遮到了村边。不到三点半，整个盆地笼罩在影子里了，只有东边的重重山峦，在斜阳下像波浪起伏奔腾，又像一幅迎风翻卷的绿色绸子。到它们也变成了阴沉的紫色，我们便走回寺庙去。依然是那条氤氲着茶香和花香的碎石小路，依然是一群一群的雏鸭，它们吃得饱饱的回来，又跟我们狭路相逢。为了躲闪我们，几只贪吃太多的，身子过重，一不小心，便扭伤了脚。牧鸭人把伤鸭倒提起来走，鸭子挣扎着，大叫大嚷，明天早晨，也许不会再见到它们了，我们觉得有点儿遗憾。

转过山脚，斜望寺庙，山门和大殿顺着山坡展开又庄重又玲珑的身姿。它后院那株高高的柏树下，是我们借住的禅房。斋堂的炊烟袅袅升起，送来温暖的情意。和尚师父正在晚课，柔和的诵经声缠绕着低沉的鼓声，迎我们踏进山门。

这是广化禅寺，一座初创于唐代的古刹，乡人们都叫它狮峰寺，说是它背后的大山好像一头狮子。我们在庙里吃晚餐，园子里采来的佛手瓜鲜甜脆嫩，香菇真有山野的清香。晚餐后，在小院的堂屋里整理我们一天的工作所得，核查在彼此都不大听得懂的一问一答里所得的调查记录，计划明天的工作。有不少收获使我们高兴，也有不少困扰使我们犯愁、失望。于是相互说些宽心的话，歇一夜再想办法。小院里的四季桂送来浓浓的甜香，灯光下，影影绰绰可以见到鱼池边秋菊金灿灿的花瓣上，露珠已经凝结成霜，闪闪发亮。

八点半，响起了沉闷的笃笃声，那是住持师父用棒槌敲打门槛，通知全寺的人熄灯睡觉。我们在禅房里躺下，夜寒凛冽，辗转等待着入睡。

没有青灯黄卷，却有暮鼓晨钟，二十来天，就这样在福建省福安市的楼下村工作。我们是贪婪的文化探宝者，在这红尘万丈的年月，竟来到这个群山环抱的小小村落，寻觅当年蓬首跣足的先人们，披荆斩棘，在这荒僻的山地建设家园的历史痕迹。

入睡前，我们默诵着明代邑人孙瑶的《狮峰寺》："晓发狮峰寺，岚光远近浮。竹交荒径合，石绣古苔幽。海气朝随雨，松风夜到楼。褰裳问闽俗，喜见万家秋。"（见光绪《福安县志·古迹》）此情此景，与我们的工作生活多么相合。

睡意上来了，盼一个好梦！

1995年冬

岭南的暖冬[①]

1996年清明时节，我们在陕西研究窑洞。一向荒旱的黄土高原上，偏偏下着缠绵的雨，不肯放一天晴，冻得我们瑟瑟发抖，双手青紫。这一年初冬，我们又到广东梅县，研究客家村落，却是满目青葱，到处有花。北京盆栽的一品红，在这里长得比房子还高，连片成林。和风丽日之下，整天在田野里走，一身的舒泰。南宋诗人杨万里到了梅县，写过一首诗道："一路谁栽十里梅，下临溪水恰齐开。此行便是无官事，只为梅花也合来。"我们没有遇见梅花开，但风光处处，随时都觉得该来这一趟。

人情也一样温暖。我们两个教师乘飞机到了汕头，已经是黄昏时刻，一打听住宿，普普通通的招待所都贵得吓人，便给

---

① 摘自《梅县三村》，清华大学出版社2007年出版。

梅州市土建学会侯歆芳秘书长打了个电话，问他能不能午夜到火车站接我们，如果可以，我们便不在汕头过夜了。侯秘书长一口答应。车到梅县，他和梅州市建筑设计院谢汉涛院长在车站迎着，把我们送到旅店，安顿下来，还吃了一餐广式夜宵。从此侯秘书长便为我们忙得不可开交。第二天，早上七点半出发，就带我们到四乡八村转了一天去选点，把梅州市比较完整的古老村落看了个遍。汽车司机徐师傅说："我早就认定侨乡村最好。"侨乡村是行政村，下属寺前排、高田和塘肚三个自然村。我们也这样认定。于是，隔天，由副秘书长陈震云陪着，会齐了江苏美术出版社《老房子》图集的摄影兼编辑李玉祥，细细地看了看侨乡村，选定了第一批要测绘的房屋。傍晚回到市里，侯秘书长把侨乡村的旧图抱出来，随我们挑选了几份。我们向他提出，要地方志，要万分之一的军用地形图，要什么什么资料等等，他都一一答应。

第三天一早，陈副秘书长陪我们到了侨乡村所属的南口镇，找到镇长。镇长以各种各样的理由反对我们住进农家，在农家吃饭。没有办法，只好暂时听他的。近午时分，六个学生来到，他们是乘火车到龙川再乘长途汽车来的，由侯秘书长在汽车站接到送来镇上。于是，一行人边打听边走，到了街上供销社的小旅店住下。侯、陈两位，尝了我们的伙食，摸了我们的床铺，虽然对我们的“艰苦”十分关切，但觉得还可以放心，才回市里去。

午饭后立即带学生了解村子，分配任务。次日一早动手工作，干了不久，听见村民传说，有人找我们。我们赶到村口，原来是侯秘书长，送来了新编的梅州志。我们还来不及道谢，他便说“怕你们有急用”。过一天，他亲自送来了万分之一的军用地形图，再过两天，又亲自送来了草图纸，这是学生们从学校动身的时候忘记带了的。有一天晚上，我们正在制图，陈副秘书长和市建筑设计院的丘权润总建筑师还驱车来看望，殷殷关切我们的工作和食宿。这以后，便又是请侯秘书买火车票、汽车票，麻烦得不得了，最后还劳谢汉涛院长送我们上了赴江西的火车。

市土建学会和建筑设计院的朋友们对我们的支持，不但热情、及时，而且非常有效。我们东奔西跑地到各处工作，深深体会到，有没有这样的支持，对工作的关系很大。而这种支持并非到处都有。我们很感谢梅州市的这些朋友们。

村子里也有好朋友。寺前排村的潘若珍、潘振峰姐弟，塘肚村的潘应耿，都给了我们许多帮助。潘应耿熟知侨乡村的历史、掌故和潘氏谱系，带着我们一幢一幢地跑遍了塘肚村的所有房屋，介绍它们的来历。还长期借了一部新修的族谱给我们用。潘振峰不大熟悉历史，但是熟悉村里镇上的许多人，带我们找到老泥水工黄海珠师傅和地理师潘淦兆先生，帮我们借来一些乡土文献。尤其难得的是，他居然对建筑向来很有兴趣，给我们揭开了阴沟转折处的秘密。他的姐姐潘若珍则是我们学生们最好的大嫂，工作开始之后不几天便在她家吃午饭。

黄海珠师傅从曾祖父起便是泥水世家，四代人在侨乡村造了好几幢大房子，他给我们讲了不少客家围龙屋的做法，我们大大受益。

此外还有很多朋友。当年四块大洋买来给主人端茶点烟现在儿孙满堂有了自己小洋楼的丫环，七十年前抱着公鸡拜堂一辈子没有见过丈夫的“屯家婆”，50年代初怀着满腔热情回国参加建设而后来却遭际困苦以致儿子跳楼成了残废的华侨，退休在家养花莳草天天上街买报纸看完了便议论天下大事的小学校长，儿子在深圳发了大财给她造了几十个房间的三层洋楼一个人孤零零住着的老妈妈，七八十岁整天扎堆在老人协会里打麻将的“天上的事知道一半，地下的事全知道”的活史书们，每天挺着腰板纹丝不动端坐在池塘边钓鱼却从来不见他钓起一尾的前任公社主任，老远就打招呼走到身边拉住了一定要说几遍她在台湾有多少房子多少店铺的回乡休息的老板娘，穿上袈裟念经脱下袈裟杀鸡剖鱼有妻有子闲来聚一屋子人打牌喝酒唱流行歌曲的和尚。还有那些小学生，一到礼拜天，就带着我们当向导，我们端起相机对准他们，便一哄而散；我们给建筑物拍照，他们却装鬼脸抢着上镜头。所有的朋友都对我们非常和善，知道了我们住在供销社的旅店里，村民们便邀我们到家里去吃去住，但因为我们已经在小旅店布置好了画图设施，不便再搬，没有去。学生们为没有在农家吃住而遗憾万分。但我们几乎挨门挨户享受了友情，吃遍了家家又香又甜的柚子。偶然闯进了柚子林，不把肚子吃得溜圆便不让出来。临回来的时候，朋友们送来的柚子堆起老高，我们塞满了行囊，只能带走一小部分。

可惜，我们在村里却常常要耐渴。东奔西跑，我们需要的是牛饮，但村里朋友们把我们当金丝雀，端出一盘跟茉莉花朵差不多大小的细瓷杯子，斟上可能很贵重的香茶，只够我们把舌头尖润一润。要解渴，还得到公路边上的小饭铺里去，先灌足一肚子水，再要一碗面。边吃边越过茂密的凤尾竹林遥望三星山，想几百年前永发公的寡妻陈婆太挑着两个年幼的孩子回兴宁娘家去，仆仆风尘，薄暮时分到小店投宿，凄惶艰难中得人指点，在三星寨落户，这才有了眼前富足的侨乡村。小饭铺的地点，据说正位于她投宿的小店，前面的公路上奔驰着开往兴宁的客车。唉，千古兴亡，岂只是帝王们的家事！

有点儿尴尬的事还是应该记下。一件是，感谢镇长先生的安排，我们所住的供销社小旅店，也是镇上叫花子们住宿的地方。我们白天看见他们在集市上乞讨，晚上隔着一层薄板壁听着他们打呼噜。我们睡的床铺咯吱咯吱地响，黏滑的被褥已经分辨不出原来的颜色，那大概都是他们留下的“雪泥鸿爪”。三个礼拜，不但没有洗过一次澡，连洗脸都只能马马虎虎，因为唯一的一只水龙头装在不分男女的厕所里，一个人在打水，背后就会有人肆无忌惮地解急。旅店里偶然会有一些莫明其妙的闲汉来住，喝醉了酒，满嘴胡说，推我们的房门，偏偏房门连个插闩都没有，只好用一根筷子别住。夜半想起镇长先生说的，街上治安不错，我们才勉强睡了觉。承包这个小旅店的老板过去是农机站的技术人员，农机站工作辛苦，收入少，散了伙。他白天做肉丸子卖，晚上就跟老婆打架，一个打，一个骂，打声很脆亮，骂声很高亢，总要闹上个把钟头，也有一直闹到天亮的日子。但我们仍然高高兴兴地坚持到把工作做完，学生们没有发牢骚，反倒觉得挺有意思。

另一件是，我们找到了村民委员会，查看村里的基本资料。会计先生拿出1995年的年度报告，一看，里面有条有理地记载着各种数字：人口、户数、田亩、各项生产、人均收入等等，要什么有什么，足有厚厚的一大本。我们高兴得不得了，赶快掏出笔记本来要抄录。会计先生淡淡一笑，说：抄了有什么用，全是假的，是我自己坐在这房间里编出来的。问他为什么，他说：这种年报嘛，年年做，做了送上去，绝不会有人看。我们合上笔记本，想，我们偏偏来看，真傻出水平来了。长吁了一口气，谢谢他的诚实，否则难免又要骗了别人。

1996年冬

洞主庙[①]

俞源村唯一保存下来的庙宇是洞主庙，或者叫洞主殿，位于村东南以外二百来米的龙宫山尽端，大致朝西。同治《宣平县志》载："龙宫山洞主庙，在县东北四十里俞源，祀清源妙道真君，祈梦甚灵。每岁元旦起，七八日内每日一二百人不等，婺郡人为最多。如立春在先年腊底则少逊。"这是一座以祈梦灵验而名闻婺、括两州的庙。武义晚清名士何德润（道光十八年生，宣统三年卒）[②]写过一篇《圆梦史志》，说："龙宫洞主庙，祈梦甚灵，武义项秉谦尝斋宿焉。梦胆瓶，插萱花六枝，觉而言之，其友顾倬标曰：萱、宣也；瓶，平也。六年

① 摘自《俞源村》，清华大学出版社2007年出版。

② 何德润（1838—1911），武义南湖村人，终生未仕，从事教育和著述。最重要著作为《武川备考》十二卷。

秩满，君其司铎是邑乎？项年少气盛，意勿屑也。后顾以孝廉捷南宫，而项以拔贡为宣平教官，竟以先兆。”

洞主庙为祈梦人在北部造了一个三层的“圆梦楼”，正名是清幽阁，供他们宿夜。1983年恢复洞主庙香火后，每年农历六月二十六日洞主老爷生日前夜，求梦的人不但睡满了圆梦楼庙内大殿、偏殿、前厅和廊下，连庙外沿东溪北岸的道路上都睡满了人。村民家里则忙于招待各地来的亲朋们。嫁出去的女儿归宁，还会带来亲家母。四乡有些人凭《周公解梦》之类的几本术数书来摆摊给人解梦，收入很可观。平日则由“庙祝”解释，他也解释神签，总是说些好话，抚慰人心，或者鼓励年轻人上进。

洞主庙庙会期间，俞氏宗祠内演三天四夜的社戏。通宵达旦，四面八方的邻村人也都赶来看戏。那期间也会有许多做小买卖的和设赌局的。

洞主庙虽然香火兴旺，但它的主神是谁却说法纷纭。一种比较正宗的说法是战国时代秦国在四川灌县建都江堰的李冰。李冰在全国普遍被尊为治水的神，俞源和附近许多山区村落常受山洪之苦，因此多建李冰庙，俞源凤凰山口也早有颜姓人造的李冰庙。现存洞主庙中道光二十五年（1845）的石碑《洞主殿碑记》说：“社庙之事无村无之，醵赀置产莫不专奉一神以祈黄茂而祝乌邪。俞源洞主庙则祀清源妙道真君，与我武二郎同，亦即二郎也。世俗不悉其详，猥以小说家所谓二郎神者当之，误矣！案秦李冰为灌令，开灌口堰，蜀人受其惠，罔弗祀二郎者。冰行二，故曰二郎。或曰，堰之成，冰次子实以死勤事，故祀之，当时称通济王，至宋封真人，而其祀遂遍天下。俞源之庙祀即始南宋，迄今六百有余岁矣。”碑文是住持道人郑萃灿和徒弟祝太义写的，文理不很通顺，但有几点很明确。一、这是社庙，又为了镇水；二、庙初建于南宋；三、庙祀清源妙道真君，这位真君是李冰，叫二郎，但碑文又用“或曰”说庙也可能是奉祀李冰的次子的，他才是二郎，而且也会治水。于是就回到了究竟奉祀什么人的问题。宣平和武义的普通百姓又提出了第二个问题：宣平人把这座洞主庙叫作香子庙，武义人叫它沉香庙。沉香是二郎神杨戬的妹妹华英三圣母与书生刘彦昌的私生子。他母亲因失贞被二郎神镇在山下，沉香七岁时经霹雳大仙传授武艺和仙术，先战败龙王，取来法宝，然后大战杨戬，劈开山头救出了母亲。洞主庙为祀他而建。可以作为这个说法的佐证的是：一、大殿正中奉祀的“三姓社主”的木雕像是个七岁的孩子；二、从祖先传下规矩，村中演戏不许演“沉香救母”这一出；三、俞源村四面八方的山山水水，从九龙山、龙宫山、龙潭、仙云山、棋盘石、石佛冈，直到不大的山洞、岩石等等，有数不清的沉香战龙王的神迹，村人们到现在说起来还绘声绘色，非常生动；四、沉香用宝葫芦吸干海水降服了龙王，他也能镇水。

考证清源妙道真君的称号，也有几种说法。道光二十五年（1845）的《洞主殿碑记》说清源妙道真君就是李冰。《三教源流搜神大全》说：“清源妙道真君，姓赵名昱，从道士李钰隐青城山，隋炀帝知其贤，起为嘉州太守。”后来赵昱率七圣制伏了春夏为水患的老蛟，“民感其德，立庙于灌江口，奉祀焉，俗曰灌口二郎。（唐）太宗封为神勇大将军。明皇幸蜀，加封赤城王。宋真宗朝……追尊圣号曰清源妙道真君”。这位赵昱，在灌口有祀，与李冰相邻，又叫二郎，而且也制伏了水患，加上真正封为清源妙道真君，那么，他也可能是这位洞主老爷。但乡民仍旧不服气，故事说，沉香打败了娘舅杨戬，劈山救出母亲之后，杨戬转而怜爱他，把一面写着“清源妙道真君”的旗帜送给了他。这旗帜本来是杨戬自己的，清源妙道真君是他的称号。他就是李冰的次子，叫杨二郎。沉香得了杨戬的旗号，便称清源妙道真君。于是传说中便有四个“二郎”，即沉香、赵昱、李冰次子和杨戬，而李二郎可能就是杨二郎。

至于祈梦灵验，乡民也和学者持不同意见。学者说，南宋大诗人陆游有一首诗，题目为《淳熙元年夜宿伏龙观圆梦梦见李冰驾百丈鲸鲵从天而降醒后所赋诗》。伏龙观就是都江堰的李冰庙，可见李冰与祈梦早有瓜葛。乡民们则说，洞主庙是应梦而建的。南宋时，一位住在山铺里的朱村老人梦见一个七岁小孩，在龙岩山涧中龙潭的水面上来回奔跑，并且闻到了沉香木的香味。第二天绝早，老人赶到龙潭边，看到一块沉香木在水面漂荡。他捞起沉香木，聚村民解梦，都认为是沉香子显圣，因为龙岩山涧就发源于九龙山，而九龙山是沉香战败龙王后从龙宫变来的，沉香就在山上成神。于是村民便把老人住的山叫梦山，就是现在的小祠堂山。在龙潭边造了祭祀沉香的洞主庙，神像和神牌便用龙潭中捞出来的那块沉香木做的。初建的庙很小，元代时，俞氏三世祖俞至刚才在现在的位置重建了新庙，原来的神像和神牌也搬了过来。可惜神像在“文化大革命”时被毁掉，神牌几年前被人偷走了。因为洞主庙是沉香托梦而建的，所以，它也成了人们祈梦的地方。

乡民们又说，俞源洞主庙每年举行两次庙会，一次在农历正月十三，连上灯节；一次在六月二十六，是洞主老爷生日。原来二郎神杨戬的生日和沉香相同，都是六月二十五日。但武义城里有座二郎庙，俞源和县城同一天举行庙会的话，香客和小贩等杂色人都忙不过来，经过协调，俞源的庙会推迟一天，这叫作“甥让舅”，可见洞主庙祭祀的确实是沉香。但是，据一般神话传说，六月二十六是李冰的生日，武义的戏班却以正月十二为二郎神的生日，那么，洞主庙正月十三的庙会才是“甥让舅”让出来的。乡民的说法可能有一点小差错。

如果二郎神杨戬就是李冰的次子，那么，加上沉香，本是三代一家人。只有赵昱是李冰的同行和邻居。至于为什么叫“洞主”，已经没有人追究了。

尽管有一块道光年间的石碑，不管怎么说，村民们偏爱沉香。他小小年纪，拜霹雳大仙为师学武艺，斗败龙王取宝，又打败封建卫道士亲娘舅杨戬，劈山救出忠于爱情的母亲，这浪漫得很的故事太动人了。据说，沉香大战龙王的时候，用细腰葫芦吸干了海水，龙王才不得不投降，所以俞源村人至今还用细腰葫芦装酒和水，葫芦外面用细篾丝编上非常精致的套子，下地、出门都背上。葫芦里的酒、水，口味甘甜，长期不变质。这种葫芦是俞源村的特产，家家户户的檐下都挂着几个还没有编套子的，等待干透了再加工。俞源住宅的门窗格扇上，雕花以拐子龙为主，这和当年沉香所擒的龙王本来是霹雳大仙的拐杖变的或许有点关系。

本来洞主庙的主神“三姓社主”神像是老人梦见的七岁的孩童，乡民都叫他洞主老爷。砸毁之后，现在新雕的一个却是四十来岁老农的模样，乡人们很不满意，打算另雕一个。

大殿上除了“三姓社主”沉香之外，神仙菩萨杂乱无序，表现出农民神谱的功利主义特色。沉香居于明间中央，左次间供梦神和夏禹王，传说以前夏禹王的位子供的是李冰，是从水口颜氏的李冰庙搬来的，前几年重修洞主庙的时候，觉得禹王治水的能耐比李冰大，所以改塑了禹王；左梢间供天廷中守护天门的周将军、唐将军、葛将军，是从雪峰庵搬来的；右次间供财神和五谷神，是从慈姑堂搬来的；右梢间则供周文王夫妇，据说他们多子多孙，可以帮人多得子息。此外，左手跨院是观音堂，正中供观音，左边文昌帝君，右边关公大帝，是文武二圣。右手跨院是土地堂，供土地公公和土地婆婆。这些神仙菩萨的专业关怀，足可涵盖农村生活的一切方面。

据道光二十五年（1845）的《洞主殿碑记》记载，庙产香火田是乾隆癸巳年（1773）由永谐、永隆、长发“三班香会”和“会长”李嵩萃捐置的。李嵩萃居于很重要的地位。这件事也有故事。洞主庙本来是俞氏三世祖至刚重建的，没有李氏的份。乾隆年间，拔贡俞启元的次女琪与李嵩萃的第四子君荣订亲，俞琪要求的陪嫁，便是让李氏共有洞主庙。于是两姓协商，俞姓提出，以后每十年一次的“开光”，沉香的全身金箔和龙袍以及每年擎台阁时抬神牌的三十二个人的素面点心由李姓出，则洞主庙可以两姓共有。当时正发财得红火的李嵩萃一口应承了下来，于是俞琪和李君荣于乾隆壬寅（1782）结婚。从此俞源村也添了一个风俗，凡娶亲的，都要先去洞主庙进香，供熟猪头、熟鸡和利市香烛。虽然李姓出钱是事实，这个小女子讨嫁妆和睦两姓的可爱的故事却有疑问。洞主庙里有一块石碑，刻着《台阁碑志》，说“擎台阁始自清咸丰”，那就比李嵩萃晚了许多年。不过这块碑是1993年腊月在擎台阁被迫停止了四十四年之后重新恢复的时候立的，它所说的也只凭大家的传闻，未必可靠。至于从什么时候起，沉香成了俞、李、董“三姓社主”，现在更没有人说得清了。

1998年夏

告别俞源村[1]

终于要走了。天还是下着蒙蒙细雨。

俞氏大宗祠前，簇拥着男女老少新结识的朋友们。告别是不容易的。向他们一个一个地道谢，耳朵里轰轰响着一片“再来，再来”的喊声。抬头望望他们，一张张被太阳晒黑了被风吹糙了的脸上，流露着那么深沉的真诚。

车子缓缓开动了，三位老人家，二十多天来一直陪着我们工作的，跟在车子后面大步追着。跑在最前面的是七十七岁的耀宗先生，矮矮胖胖的身子，摇摇晃晃，脚下高高踢起泥浆水，哗哗飞溅。我们从车窗探出大半个身子，满嗓子喊“别跑了，别跑了”，他不顾，仍然竭力地跑。双眼紧盯着我们，眼珠子通红通红的。车子向右转了个弯，见不到朋友们了，我们

---

① 摘自《俞源村》，清华大学出版社2007年出版。

的眼珠子也都红了。

十年以来，我们一次又一次地经历过这样的告别。半个世纪的急风骤雨，丝毫没有改变农民那种天生的厚道、淳朴和热情。但是，当我们深深沉醉在他们宽阔怀抱中的时候，我们也分明地感觉到，他们的情谊中有一种祈愿，一种诉求，一种对命运的怨望。我们总忘不了在每次研究报告的“后记”里写下对村子里父老乡亲的感谢，这是出自心底的话，但这显然不是他们所期望的。我们怀着对父老乡亲的真挚感情，力求把工作做得好一些，但这也显然不能满足他们的祈求。

有一种期望，我们好像难以比较从容地面对，那就是一个最普遍遇到的问题：古老的村子和古老的房屋真的能使村民们摆脱近乎无望的贫穷吗？因为近几年旅游业闹得红红火火，已经有几个古村落向游人开放，经济收入很可观，村民们不但多有耳闻，甚至有人去做过调查。他们热切地企盼我们能帮助他们也把古建筑变成摇钱树。我们坐在住家的廊檐下，村口的桥头上，商店的柜台前，跟他们细细商量。有几次，几位退休的老区长、老武装部长，夜里摸黑到我们寄居的洞主庙找我们，问我们到底心里对村子怎么评价，对它的开发前景有怎样的估计，要我们说一句真话。于是，除了细数村落的历史、文化价值，我们又不得不坦率地说出许多困难来。在当前条件下，古老村子能不能开发旅游，并不完全决定于它们的历史、文化和建筑价值，还要有许多其他条件。而且，以古老的村落为旅游资源，首先必须把它们认真地当作文化资源，在开发之前，先科学地保护它们。但保护一个古老的村落，会牵涉到很多很复杂的问题。要有正确的观念，要有完善的体制，要有特殊的政策，要有专项的经费，要对村民生活的现代化做出妥善的安排，要给村子经济的发展留有充分的余地，还要有便利的交通和服务设施，如此等等。这些问题都不是一个村子自己能解决的。在到俞源村之前，我们帮浙江省诸葛村和江西省流坑村做过保护规划。我们自己知道，那两个规划都没有解决长远维持和增强村子生命力的问题。好在短期内矛盾还不至十分尖锐，我们还可以有几年时间静观待变。这就是说，我们应该继续对那两个村子密切注意观察，以便分阶段修订和调整保护规划。但是，交出了规划，我们便断了和村子的关系，而且，一旦旅游业强有力地介入并且干扰了村子的保护，那么，任何规划都会变成废物。这种干扰在当前几乎是不可避免的。急功近利，这是整个社会的现状，旅游业目前仿佛只为获利而存在。旅游业是大大赚钱的，而保护古村是要大大花钱的，搞旅游的人因此腰板就比搞文化的硬，说起话来中气更足得多。就说这个俞源村里，1993年县文化局把洞主庙和俞氏大宗祠定为重点文物保护点；1997年夏天，旅游局长一进村，就指令把几百年来一向是白色的洞主庙刷成了红色。这当然是小事一桩，局长先生还打算大大突出刘伯温在俞源的种种事迹，虽然都不过是些没有什么根据的传说。我们并不一概摈弃传说，因为它们蕴含着村民的理想、追求和价值观念。但是要把传说一一落实到环境和建筑上，做些虚假伪冒的东西，这就太出格了。面对着迫切要求摆脱贫困的穷怕了的村民，我们心里火急火燎。我们是书呆子吗？我们对村民的困苦漠然无动于衷吗？我们的眼光真的那么长远，我们的思想真的那么全面吗？

于是，一种比较容易面对的村民的期望，也变得困难起来了，何况还有许多更难面对的问题，比如县里长官要靠古村落拿“政绩”，而政绩的主要衡量标准是经济效益。

我们在俞源村的工作，得到武义县博物馆涂志刚馆长的有力支持。他给我们做好了很切实的安排，隔两三天就挤破破烂烂的公共汽车来看我们一趟。涂志刚是我们见到过的最敬业、最称职的博物馆长。他精通文物业务，从考古发掘到鉴定古建筑年代，说来头头是道。他带我们到城里、镇里、村里参观，在乱麻似的巷子里钻来钻去，毫不犹豫便能找到一幢古建筑，熟悉得就像在自己卧室里找一件外套一样。说起这幢古建筑的年代和特点，又像数他外套上的纽扣，而且充满了感情。说来奇怪，他原来竟是在军队的大学里学习最可怕的毁灭性兵器的。

在村子里全面照料我们的生活和工作的是俞耀宗先生。这是一位经历了许多坎坷却十分乐观的人。他曾经当过中小学教师，五十年前的学生至今还记得，全校的教师都穿长袍，独有他西装革履。他生性活泼，自己带过戏班子，在四乡游动演出，很有名气。20世纪中叶土地改革之后走了背运，甚至受过牢狱之灾。现在一个人住在洞主庙里，担任类似管理员的角色，用老话说大概相当于“庙祝”，还负责讲解神签和圆梦，每次可以收一块钱，七毛归旅游局，三毛归他。村里人爱跟他开玩笑，叫他“洞主老爷”。1998年春节，他还带领着本村的龙灯，走了四十多里路到县城去热闹了一番。

俞步升先生带着我们一户挨一户地做调查，而且反复不止一次，虽然承认很累，却总是笑眯眯的。俞氏宗谱、李氏宗谱、宣平县志都是他给我们去找来。他本来是林业局的干部，退休之后，热心于研究本村的历史，近几年来，写过长长短短各种文章，还搜集了五十多则传说故事。所有这些资料都用漂亮的小楷抄得整整齐齐，订成好几本，供我们任意使用。而我们确实引用了不少，构成了我们这篇研究报告的特色。有好几次，为了解决我们提出的问题，他来回跑几十里路，到外村去找了解情况的人一起讨论。他闲话很少，却常常一大早就到洞主庙来，悄悄给我们打扫厕所，他嫌别人扫不干净。

俞文清先生早年曾经扛着枪跨过鸭绿江，后来长期在外地当法官，退休回乡，自己对本村的历史不很熟悉，便帮我们找来他八十多岁的叔叔，讲了许多难得的情况。他去年知道我们打算来工作，特意替我们拍摄了一套今年正月十三村里擎台阁的照片，给我们保留了一盏龙头灯。电台一广播天要变凉，风要变硬，他就赶紧给我们送来新买的毛毯。

村长是耀宗先生的后台，也为我们忙前忙后，帮我们找各种民间工艺匠人和各种民俗用品。还找来几大幅难得保存下来的祖像和中堂字画给我们拍照。临别的时候，弄来了一大箱子的茶叶和茶籽油叫我们带着，还有三只用细篾编上精美套子的葫芦。

村民们家家都热情接待我们，协助我们。正逢清明前后，我们走到哪一家都得吃几颗清明馃子，糯米里掺进蒿草芽，碧绿碧绿的。有几位小姑娘跟我们的女学生成了姐妹，见面搂搂抱抱，天不亮就送来煮山芋、山芋粥。像我们在以前工作过的地方一样，村里的父老乡亲们使我们生活和工作得非常愉快。

我们将会尽可能地为俞源村的保护和发展做些什么。我们爱村子、爱村里的人，我们的朋友们。

1998年夏

从哥老会说起[①]

到福宝镇的头两天是半阴晴，一阵一阵的阳光。虽然早过了立冬，但天气又潮又闷，上一段台阶，身上就发黏。第三天下雨，空气反倒干爽了。我把龚在书老先生邀到小茶馆里，找一个靠街的桌子坐下，请他接着讲讲福宝镇过去的情况。龚在书年轻时是个刻字匠，后来在供销社工作，平日很留心镇上的事情，记得街上整整一百家店铺的营业项目、店主姓名和身份。龚先生大我一岁，七十四了，已经陪我在街上跑了两天，我们都有点儿疲累，趁雨天，就喝杯茶慢慢聊聊，当地话叫“摆龙门阵”。

老街上没有多少人。年轻的不是到外地打工去了，就是搬到白色溪以西的新区去了。留下的大多是老年人，加上几个侍

① 摘自《福宝场》，三联书店2003年出版。

候公公婆婆的媳妇和交给爷爷奶奶照顾的中小学生。一下雨，街上更加冷清，檐头的滴水打着地面，一声一声都听得分明。

骨头都酥软了，不想再谈什么枯燥而又难记的事和人。找些轻松有趣的话题，谈着谈着就谈到了哥老会，这可是四川特有的话题。没有想到，龚老先生自己就曾经是一个“袍哥”。袍哥就是哥老会成员。一提起袍哥，他来了兴致，把两只大拇指竖起来，右腕搁到左腕上，笑眯眯叫我看这个手势。我一发呆，他就解释说，这意思是“我是大爷，大爷就是舵把子”。接着把右手往上一挪，搁到左前臂中央，“这叫我是二爷”。再往上搁到臂弯，“我是三爷”。哥老会是流行于四川城乡的民间组织，分“仁、义、礼、智、信”五个堂口，每个堂口有大爷、二爷、三爷，以下是五牌、六牌、九牌、十牌。没有四牌、七牌和八牌。据说老早以前，什么地方有个四牌当了“叛徒”，所以就取消了四牌。七牌和八牌不知道为什么也没有了。大爷，舵把子，也叫大哥，是总当家；二爷不管事，但人品最能服人，又叫“圣贤”；三爷是“能人”，实际的管家，说话算数。五牌是三爷的帮手，六牌又是五牌的帮手。九牌是众多的普通成员，十牌是初加入的，又叫“老幺”。普通成员自报身份的方式是用右手拍拍左肩，老幺则是摸一下耳垂。

堂口的成员有身份的差别。仁号成员大多是“少爷”、

“公帮”和“仕宦”，就是绅粮和公职人员；义号是“买卖客商”；礼号“刀刀枪枪”，就是小商小贩；智号则“猴猴囊囊”，都是些医卜星相、三教九流的人，龚在书先生叫他们“知识分子”。福宝没有信字号。信号的成员大多是苦力和乡农，“焦干二十四”，而福宝是个场镇。

这个话题很有趣，老板娘端上两杯茶，就打横头坐下了。四川的城市和场镇里，最多的是茶馆，一家望到一家。小茶馆，一间店面，最多放三四张桌子，很平民化，常去坐坐摆龙门阵的都是些小买卖人和苦力。集市日子，乡里人挑一担菜到街上卖，换几个钱就进茶馆，不管认识不认识，八个人围一个方桌坐下，一杯茶，一碟胡豆，谈天说地，不到饭时不走。直到现在，茶馆仍然是四川场镇里的特殊景观，坐满了穿蓝色短衣、头缠白帕的男子汉，个个抽着烟杆，一屋子蓝色烟雾直往街上冒。茶馆的设备也很粗糙简陋，白木桌子，条凳，柜台上偶然有几碟豆腐干，买的人没有几个。人们来喝一杯茶，为的是享受一阵社会交往的乐趣。

以前福宝老街的一百来家店铺里，有五家茶馆，其中一家是双开间，一家是三开间，规模之大算是少见的了。不过，自从20世纪80年代在白色溪对岸开辟了新区之后，老街居民不多，集市也搬走了，只剩下两家茶馆。一家是那三开间的老茶馆，过去叫天禄阁，1949年后换了老板，没有给茶馆起名字。另一家是单开间的，过去是卖糖果糕饼的京果店。两家的主管都是中年妇女，一面照应老人孩子，一面张罗顾客。其实也没有什么顾客，寥寥几个街坊邻里，进来坐坐，摆摆龙门阵，并不花钱喝茶。最常来的是几位老太太，凑在一起打纸牌。纸牌一寸来宽，三寸来长，叫作“大二”，是四川特有的，据说规则很简单，输赢数也不大，无非消磨时间。打一上午，只给老板娘五角钱。

一杯茶也是五角钱。端给龚老先生的是一只搪瓷杯，有几块圆形的黑疤。端给我的是一只盖杯，盖子缺了一个大口子。福宝本来是产茶叶的地方，春季收了新叶，放在石臼里用木杵捣成饼子，晾干了，运到宜宾去，在那里加工成沱茶，远销到云南、贵州。我们坐的这家茶馆，出门向右下几十步台阶有个巷子口，踅进去，一排房子都是捣茶叶的作坊。龚先生说，过去每到茶季，那里热闹得很。现在作坊早已经歇业，冷冷清清，住着几户人家。龚先生叫我喝一口茶，问我什么味道，我品不出来。他说，这叫“白茶”，不是茶树的嫩叶泡的，是用茶树的枝干，削成薄片，在砂锅里熬的。我一看，杯子里果然没有叶片。“白茶”是福宝的特产，说起来又会有许多清热解毒、活血化瘀之类的好处。

大约是因为下雨，打牌的老太太们没有来，四张茶桌，只有我们，连老板娘三个人，坐在一起接着聊天。我问龚老先生，哥老会是干什么的呢？为什么要加入哥老会？老先生说，加入哥老会是一种风气，街上的成年男子，如果不“海”（加入）袍哥，人家就觉得你不是个“打烂仗”（不安分守己）的人就是个“冬菇儿”（脑筋糊涂），不合群。所以街上一百个男人里至少有九十个是袍哥。好处嘛，也不好说，就是出门在外，“打流跑滩”，到当地相同的袍哥堂口里打个招呼，拜了码头，就可能少一点麻烦。福宝人从前外出打工或者跑买卖的多，向南挑担子翻山越岭到贵州遵义，向北顺大漕河进入长江，往下是重庆，往上是泸州、宜宾，溯沱江、岷江到成都也不远。出外谋生，总希望有人照应，遇到难事好有个依靠，这哥老会就是这样的组织。如果不拜码头，赌赢了钱也拿不回来，拜了码头，赢多少拿多少。

我曾听到，哥老会的兴起也许还有一个原因。明清之交，“八大王剿四川”，杀得白骨蔽野，土地荒芜。后来清兵入川，接着杀，四川土著所剩无几。天下大定之后，朝廷抛出了几条优惠政策，吸引外省人大量向四川移民，民间叫这件事为“湖广实四川”。这些人初来的时候，地广人稀，政府基层组织不全而且软弱无力，血缘的宗族和地缘的会馆因为人口密度不大还来不及形成。但社会是不能没有组织的，于是民间继承天地会的余绪就自发产生了互助组织哥老会，讲究江湖义气。最初团结成员的口号是“反清复明”，后来渐渐分化，分布在各地的组织有好有坏，有善有恶，性质和作用并不一致。

我问龚老先生，“海”袍哥，有没有烧香叩头，歃血盟誓之类的手续。他提了提精神，说：“哪能没有？要找三个袍哥办手续。有讲究的哇，他们各有名堂，叫作‘引’‘保’‘恩’。引是引见，保是保举，都要五牌以上的老袍哥担当。恩是恩准，就是大爷点头。”“海”袍哥还要交五升米。不过，倒是没有什么会员证之类的东西。

哥老会既没有血缘关系又没有地缘关系，只讲求哥们儿义气，所以崇拜以义气传颂万代的刘、关、张三兄弟，每年旧历五月二十三日举行一次关圣人“单刀会”，隆重祭祀他们。龚老先生说，袍哥都遵守严格的规矩，凡犯了不孝父母、不敬尊长、欺侮妇女和乱伦等罪行的，都要“传查”，就是大爷、二爷、三爷坐堂审判犯人。轻的叩头认罪，或者开除，叫“搁袍哥”。重的判打板子甚至死刑。死刑很残酷，有一种叫“三刀六眼”，就是捅三个“透明窟窿”。还有挖坑自埋的刑罚。我读过李劼人和沙汀的小说，有些地方的哥老会有点儿黑，便带点挑衅的意思追问，哥老会就不做坏事了？龚先生显然不大爱说这个话题，讪讪一笑，说："差不多个个都是袍哥，还做得了什么坏事？"在一旁哼哼哈哈听了半天的老板娘忽然插话了："不做坏事？"声音有点儿激动，右手中指叩一下桌子，说："那老二不就是跟堂口勾结的？""老二"是土匪的别称，福宝镇二百多年里，受土匪的祸害可多了，不但抢，还要烧房子，所以直到现在，一提起土匪，许多人马上就来气。龚老先生怕老板娘上火，立刻笑笑，说："是的，是的，没有堂口掩护，当不了土匪。"刘家巷西口住着一个叫刘汉民的小地主，是礼号的大爷，国民党时候当剿匪大队长，其实跟土匪通声气。共产党来了，他上山当了土匪中队长。被捕以后，考虑到从前他曾经两度劝止土匪抢劫福宝，所以从轻发落，只判了三年刑。他家有一座碉楼，前几年拆掉了。"街上做生意，都要给舵把子交保护费，不交，就砸了，是不是啊？"老板娘紧追不放，又补上一句，"还有开鸦片烟馆，开妓院，开赌场。"龚先生说："那个嘛，不敢公开的。"老板娘不服气，指一指左边："那家长乐社，不是前堂卖茶开赌，后堂又吃（烟）又嫖！"长乐社离我们坐着的茶馆不远，在老街中央的坝子上，两间门面，是仁字号的茶馆。叫长乐社，是因为它组织川剧的"玩友"，也就是票友，在那里唱戏过瘾，有一把胡琴、一堂锣鼓的小小乐队伴奏。20世纪50年代，为了办卫生所，把这幢房子改造成了砖木混合结构的，现在卫生所搬到新区去了，房子空着，门脸上还留着个红十字。老板娘又把手往右边老街的南半段一指，说："那几家茶馆，义号的集贤居，礼号和智号的什么，还不是一样。"当年袍哥一个堂口开一家茶馆，这茶馆就是他们的"办事处"。除了烟、赌、嫖，还在茶馆里谈生意、斗地盘、贩卖人口、闹纠纷，有时候也调解纠纷，叫"吃讲茶"。

老先生说："天禄阁可不是袍哥的。"天禄阁老板叫刘秉仲，自称刘邦的后代，专爱结交区乡政府的文武小官吏，因此仿汉代皇家旧例，把茶馆取名为天禄阁。它就是老街南端十字路口那三间门面的茶馆，后院有一幢三开间的三层小楼，民国年间造的，是镇上唯一的砖楼，叫"逍遥宫"。那里是"五毒俱全"。龚老先生放低了声音说："那里的女人都是外地来的，街上的一个都没有。"

从避忌谈土匪、鸦片、赌博和妓女，到脱净本街妇女和卖淫的干系，龚老先生步步为营，力求回护福宝场的声誉。他实在是热爱他的家乡呀！

福宝是个场镇，又是个砦子。进砦子的街巷口上都有砦门，街中央坝子两头又有砦门，一共十道砦门。还有三座碉楼，两座在镇子的西侧边缘，一座在东侧边缘。防卫很严。绅粮和大店铺出钱养三四十个防兵，叫“门户练”。老先生说，小股土匪来，砦门上有动静，各家各户就紧闭门户，土匪不敢久留，往往抢一两家就走了。也发生过几次绑票，叫“拉肥猪”。老板娘又说了：“甲子年那场火，烧掉了一大片房子。”甲子年大火，我来了只有三天，就听到好多次了，忙问是怎么回事。老先生回答：“天禄阁的老板刘秉仲，是个大绅粮，甲子年，刻薄过一个雇工，为一点不清不楚的事把那雇工开除了。雇工就去当了土匪，结伙来抢场报仇。那天他火烧天禄阁，火蔓延开来。幸亏坝子的南砦门紧紧关闭，断了火路。可惜门外房子都烧了。”老板娘接着说：“后来那一大段街都是王家人出钱修复的，政府答应王家人永远免税。”街上老人到现在计年还用干支法，六十年一轮回，对他们一生来说大概够用了，但说到古老事情就很麻烦。因为老先生说那场大火至今不到一百年，火场重建的时候他还看到上梁喝酒放炮，我算了一算，这个甲子是1924年，到现在八十四年了。老先生又讲了一个故事：甲子年的事件里，有一个土匪在仓惶逃走时把抢来的二十锭银子丢进张爷庙隔壁黄姓染坊的染池里，说：“你姓黄，我也姓黄，送给你了罢。”后来黄老板靠这些银锭扩大了染坊，发了财。

谈袍哥谈到了土匪，又牵扯出许多有趣的话题来，都靠老板娘打岔。我们在别的地方调查，应对的都是男子，妇女不参与，不插嘴，问到她们，大都不知道多少情况。福宝街上的妇女可是不同，个个健谈，甚至抢着说话，知道的情况不比男人少。因为细心，记事比男子更具体。好像受教育水平也比男子高，男子说不清楚的话，她们会夺过笔在我的笔记本上写出来。还有一位退休的中学数学教师蹇有明，给我勾画过福宝镇环境的山形水势，有模有样，相当准确。

雨还没停，只听见滴滴答答响起一阵檐头水打在斗笠上的声音，进来一位穿黑衣黑裤的老人，矮矮的，臂弯里挎着个小竹篮。走到桌子边，掀开篮子上的塑料膜，轻声问："豆腐干，买不买？"福宝的豆腐干全县闻名，我前两天就听说过。一看，方方的豆腐干，焦黄色，巴掌那么大，只有碗沿那么厚。"一块钱四片。""好，买两块钱的。"我把茶碗上缺了个大口的盖子翻过来，放上八块，三个人扯了嚼，很有筋道。老先生说，豆腐干是何沛霖、牟德荣两人做得最好，用火烤，加盐巴不加酱油。说到食品，福宝还有著名的酥饼。龚先生说："大绅粮皮家从外乡请来个厨师会做一手好酥饼，先用油炸，再用火烤。皮家摆酒席，最好吃的是酥饼。后来糕饼店都学会了，一到赶场的日子，满街都有卖的，甚至卖到重庆去。豆腐干也是满街卖，背着背篼来赶场的，大都会买上一小包。

现在酥饼没有人做了，年轻人爱吃蛋糕什么的。豆腐干不如过去的香了。”老先生深深叹了一口气。下乡做调查，常常可以听到父老们这种“今不如昔”的叹息，我总是半信半疑，它包含着太多的怀旧伤感。青春时期接触过的一切，在老年人的记忆里，都和自己的青春一样，那么美好。不过，也确实有不少好东西，因为利薄，因为费工，因为需要特别耐心地制作，现在失去了。所以，我也陪着龚先生有点儿惆怅。我们已经失去的和将要失去的好东西确实是太多了。

卖豆腐干的老人并不急于做生意，搬个条凳在门槛边坐下，抬头望着雨珠歇气。年岁大了，凭老手艺做点豆腐干卖，不是为了谋衣谋食，而是一种习惯，一种对几十年生活的留恋。这条街上的老人们大概都有这样的心情，所以尽管老房子十分破败，仍然不肯随儿孙们搬到新区去。新区哪有这样的檐头水呢？清脆而有节律，伴着老朋友的话声，已经听了大半辈子了。街上的台阶，上上下下几十步，自己坐在妈妈背篼里的时候就熟悉了哇。赶场的日子，街上挤得踩了鞋都弯不下腰去提拔，从妈妈的脖颈边望出去，人头滚滚，多壮观，多繁盛哦。歇了一阵，老人提起小篮子，又向雨中走去，头也不回，撂下一句话，老板娘应答了一句，我都没有听懂。斗笠上淅沥的雨声渐渐远了，龚先生说：“老朋友呀，”停一停，补一句，“越来越少了。”这样的心情弥漫在老街的空气里。我自己也是七十三岁的人了，对这种空气非常敏感。我们一起沉默了一会儿，眼神空空的。

斜对面杂货店的老板娘端起饭碗坐到街檐下了，我向龚先生提最后一个关于哥老会的问题：各地的哥老会，各个堂口，有统一的组织关系吗？有上下级领导吗？他回答，没有，都是独立的，遇到大事才互相支持。不过，有些地方的哥老会和堂口的舵把子声望高，号召力大，有点儿领袖人物的意思。民国初年，四川副都督夏之时，就是合江人，全县第一大爷。他的老婆叫董竹君，在上海创建了锦江饭店，前几年拍过她的传记电视剧，叫《世纪人生》，在福宝街拍过外景。还有一个合江县团总，叫裴雨皋，也是一个袍哥大爷。民国三十六年（1947），国民政府搞国民代表大会选举，合江的一位袍哥大爷何肃雍，就在六十九个哥老会舞刀弄枪的支持下当上了代表。看来袍哥不但和土匪勾结，也和官府勾结。老板娘突然高声说：“还有那个范绍增呐。”“什么人？”“范绍增，你不晓得？就是哈儿司令啊！”老先生插话解释道：“他叫范哈儿，重庆人，礼号大哥。一个有福气的人哦，凡事都能逢凶化吉。跟蒋介石也有交情。”老板娘接着说：“当过师长，又当过司令，峨眉电视台拍过故事片，都是真事。”忽然一位妇女在我背后很兴奋地说：“《傻儿师长》，就是在这条街上拍的嘛！”我一回头，看见一位挺精神的青年妇女，肩膀上还伸出一个孩子头来，那是站在背篼里的儿子。用背篼背孩子是四川的习惯，背篼是竹子编的，又硬又有弹性，孩子受到很有效的保护。篼的中段有个折，孩子可以站在篼里，也可以很舒服地坐在折上，自由自在，四面八方随意转身张望。站在地上，孩子身高不到大人的膝盖，一装到篼里背起，双眼就跟妈妈的一样齐，眼界忽然大开，一定很有趣。这位妇女大约是我们沉默的时候进来的，她接着说：“火神庙前那段高台阶下，天禄阁对面，临时布置了一个豆花店，哈儿师长就是在那里把个大姑娘扛起走的。”我们都兴奋起来，老先生乐得直笑。

我很关心哥老会在土地改革中的命运。老先生说：没有什么，不再活动就没事了。有几个绅粮，是袍哥，打成地主，分掉了土地就当老百姓了。只有在旧政府里当过事的，要受群众监督，“就地改造”，其实也平常。几个当土匪的袍哥被镇压了，其中一个姓皮的，叫皮达才，有几十担租子，当过团总，又当过区长，是仁号的舵把子。皮达才有几间大房子，就在街中央“坝子”北端之外的西侧。房子后身有座碉楼，原来五层，前几年顶层朽了，拆掉之后剩了四层。

那背孩子的妇人急匆匆问老先生，看到娃儿他爷爷没有。

老先生大概回答了一句“没有”，妇人刚要走，街上却踢踢踏踏过来了个满面红光的大高个儿，妇人一转身就闪了出去，带上他走了。鲜艳的上衣在湿漉漉的青石板路上映出几片跳动的红光。老板娘看着背景，轻轻赞叹：“好女子哇！”

到了午饭时候了。老板娘伸伸懒腰，双手抵住桌子，慢慢站了起来。我扶着龚老先生告辞出来，老先生住在隔壁，向左一拐就到家。雨依旧不紧不慢地下着，屋面的出檐宽，檐溜水滴在檐阶之下，老先生家门口有一块干爽地。他余兴未尽，拉过小竹椅给我，要告诉我一些土匪的“切口”（黑话）。我刚坐下，他突然叫我一声“老腌”。我莫名其妙，他笑了起来，笑呛了气，待气顺了，说，贵州人和四川人，对朋友都有亲切的特殊叫法，把朋友的姓用多少有点关联的词来代替。“老腌”就是“陈”。姓罗的叫老响，姓薄的叫老飞，姓唐的叫老蜜，姓钟的叫老撞。姓杨的叫老咪，大约杨与羊谐音的缘故。姓杜的叫老撑，是从杜联想到肚，吃饱了就撑。姓刘的叫老顺，是先把刘谐音为柳，再从柳条联想到顺。姓古的叫老绷，是从古联想到鼓，再联想到绷。有一些叫法则无从推测，例如姓何的叫老灰，姓韦的叫老圈，姓曾的叫老板，姓王的叫老还。龚先生一口气说了二三十个姓的叫法。我问，这是土匪切口吗？“不是的。”他回答。他大女儿从合江城里来看他，正在洗菜，听到这里，嘟囔了一句说："不是土匪切口也是袍哥的黑话。"老先生连忙摆手："不是，不是！"

但他是要告诉我一些土匪切口的，我等着。他定了定神，终于开口了：土匪要抢场，就是抢集市，叫"赶混子"，或者"打混子"。抢绅粮家叫"打窑子"。米叫粉子，吃饭叫吊粉子，碗叫莲花，勺叫耍子，筷子叫划签，布叫闭子，衣服叫大衫，草鞋叫划勾。四川有一种用粗大的竹筒做的烟管，可以两个人同时吸烟，这叫"抬溜子"。因为他大女儿对"切口"和"黑话"之类表示出轻蔑的厌烦，老先生的兴致遭到打击，说了些就不再说了。我觉得可惜，看得出来，没有说痛快，他也觉得可惜，简直有点赍志不得伸的委屈。他不得不转变话题，便重新为袍哥说点好话。两眼一亮，说：咸丰十一年（1861），福宝天主教徒横行乡里，鱼肉百姓，袍哥李文定叫儿子成生带领街上青壮年，捣毁了教堂，平息了教祸。这段故事我在民国《合江县志》和1986年《合江县社会风土志》里也看到过，很有兴趣了解一下，但偷眼看见门里女儿已经掀开了锅盖，便起身告辞了。

我边走边沉思，这个福宝镇，大屋檐底下藏着多少带点儿神秘色彩的故事哦！

打开伞，窸窸窣窣，轻柔的细雨声仿佛给我的沉思笼上一层迷幻的情调。真有趣，我想。于是，我记起了李劼人《死水微澜》，天回镇的袍哥管事罗歪嘴，做皮肉生意的刘三金，烫猪毛和剥活狗皮的赌场，人人都能躺倒吞云吐雾的烟馆，原来在这里都曾经一模一样地存在过。难怪沙汀一回到四川的场镇上就能写出好作品，这里满地都是小说素材嘛！但我不是为写小说而来。

2002年

走好，福宝场[①]

回龙街八十二号龚在书先生家的后院里，有一座古坟，荒圮已久，还看得出来是圆形的，直径有四米左右。环周本来砌一圈石条，现在只剩下正面左边大约两米长的一段了。正面朝西偏南，还很整齐，可惜石条下部被土埋没，有几个字也埋在里面了。式样大致是，上、下各有比较长的水平石条，夹住四根竖立的石条，石条之间填石板，形成一个三开间的构图。正中一间上面出楼，楼顶压一块石檐口。楼正面刻四个字“寝陵伟观”。最靠边的两根石条上刻一副对联，上联“山山水水常呈□□”，下联“子子孙孙永□□□”。上面的石条有精致的浮雕，已经风化剥蚀得很厉害了。中央的石板上，左上角雕日，右上角雕月。正中竖刻“皇清待赠诰曾祖……”，下款

① 摘自《福宝场》，三联书店2003年出版。

为“乾隆三十年……”。这座老坟，当年在镇上算得上体制宏大了。

坟的前面紧挨明月山西坡，很陡。半坡上斜着一幢房屋，看屋顶尺度很大，这是王氏宗祠。我们查《王氏族谱》，有十四世王瑗，“葬福宝王氏祠后，有碑，寅山申向”。从位置和朝向看，这座大坟大体可确定为王瑗的墓。王姓福宝祠始祖王宣为第九世，崇祯十四年（1641）以后迁来，照世代排比，也大致相合。不过现在福宝的王姓人氏都不知道这墓主的名字，只知道是他们的祖先，清明节还来供一炷香。我们打算把墓前的淤土挖一挖，看看这位曾祖的名字，但找不到可以负责的人，终于不敢挖。

我们从刘家巷绕到王氏宗祠正面，一看这房子现状还不错，又是个“长五间”，通面阔十四点五米，金柱直径三十厘米。住着五户人家，王本国先生就住在左梢间。他说，原本前面有院墙，正中立一个有瓦檐的木构院门。现在墙和门都没有了，不过前面是白色溪谷地，谷地对岸便是双河街新区，景色开阔，倒也很好。我正在张望，忽然发现脚下有一块残碑，还剩四个字，右边上下两个是“讳瑗”，左边上下两个是“蒲氏”，那么，这很可能是王瑗夫妇的墓碑。于是又引起了一个问题，它和祠后的那座墓有什么关系呢？王本国先生解释说，祠里原有六块大碑，许多小碑，供销社拿宗祠办过糖厂，那时把大小石碑都砸碎了。这块“讳瑗”残石，是小碑上的，小碑不一定是墓碑。这是个悬案，关系不大，不去管它。

值得注意的是，王姓人民现在传说，这坟里埋的人是在山里被老虎吃了的，后人只抢回来一只脚，所以这坟叫独脚坟。

福宝场附近自古多虎豹出没。流传的山歌和民间故事里关于老虎吃人、吃牛、吃猪的情节很多。贾大戎先生说，20世纪50年代，当地驻军还专门组织过打虎除害的运动。

虎多是因为森林多。合江，尤其是它的南乡和西乡，曾经密布着原始森林。民国《合江县志·食货》说：“邑南凡五区，幅员寥阔，纵长三百里，叠嶂重山，毗接黔徼……尤富竹木……蔽日干霄，掩映岩谷。”“西二区毗连缁水县（即今习水），亦竹木之薮也，森林畅茂，亘数十里或十余里，采木者不能尽。问家之富，指林木以对。”林木曾是乡民的基本财富。

我到了福宝场，住在林场的招待所里，到回龙街上访问，除了粮站和供销社的职工宿舍外，几乎所有的庙宇都成了林场的职工宿舍。可是，我没有见到一片林木。四面山上都是些杂草灌木，被干黄的梯田弄得七零八落。经堂山上，有些垦地坡度早就超过了规定的极限二十五度。只有蒲江河岸的慈竹郁郁葱葱，还有东面林场园艺场里的橘子树挂着金色的果实。橘子本来是合江的特产，白沙场在清代曾建立过全四川最早的专征橘子税的关卡。现在，橘子树也并不成林，只在园艺场的天坛山上多一些。村里人说采橘子卖不了几个钱，没有兴致去采摘。不过在去园艺场路边几幢农舍的墙上刷着白灰字：“私摘一只橘子罚款五元。”

几十年来，林业局的任务是砍林，而不是造林，是自己断自己的生路而不是把日子过得越来越红火。一年有伐几百万方木材的“指标”，却没有种几棵树的指标。

贾大戎先生和街上所有的朋友们都说，原来四周山上全是常绿阔叶林，因为当地无霜期长，冬季也没有黄叶，满目青翠。我所住的林场招待所二楼有一间大厅是林场办的退休老职工活动站，天天有几桌麻将。管理这个活动站的老人王其炳先生是林场的前任党委书记。于是我邀王老先生花一个晚上给我们讲一讲林场的过去和现状。

虽然自古这地区居民就主要以伐竹木为生，但当初人口稀少，运输困难，每年的砍伐量和蓄积量大体平衡，真正是“青山常在，永续利用”。1952年，为造成渝铁路，需要枕木，从此开始大量砍伐山林。铁路通车后，交通方便了，又从这里采伐大量开矿用的坑木外运。1958年大炼钢铁，伐木烧高炉，好好的木材烧成灰烬，钢铁也没有炼成。同时吃公共食堂，也用上好木材当柴烧，因为好木材容易劈也容易烧，火大。

20世纪60、70、80年代，福宝林场每年的生产指标都在四五百万方。1982年至1983年，联合国世界银行贷款改造林相，但林场把一大笔钱用来造了一条商业街。林相没有改良，贷款到期，于是大肆砍伐原始天然林去还债。但一直到那时候，砍伐的规模还不算最大，因为森林的归属不定，是贵州的还是四川的，争论不休。县界也不定，国有林和公社林也分不清。到了90年代，边界划定，便放手大伐，例如天堂坝，九十万亩森林砍光，只剩下几百亩山地可种一点农作物，困难得很。幸好汲取长江1998年大洪水的教训，中央决定保护天然林，1999年起福宝林场的生产指标降低到每年两万多立方米木材和三十万枝楠竹，林业工人的任务开始转向植树育林。

这样一来，福宝林场侥幸保存下来六十万亩天然常绿阔叶林。

听到这里，我大大舒了一口气。但是，生产规模小了，紧接着便发生了林业工人生活问题。林场是个“自收、自资、自给”的副科级事业单位，虽然政府给了几十万元“天保工程”补贴费，但维持不了。每年伐楠竹八万到十万枝，收入四十万元左右，只够还世界银行贷款的利息。

原有三百多职工，曾是福宝场的主要消费力量，对刺激福宝场的繁荣起过很大的作用。现在工资只能领到百分之七十，职工养猪和家禽，再种点儿蔬菜和粮食，勉强够吃。间伐一些小树，够烧。卖掉一点木柴，有零钱花，不多。

于是，职工和他们的成年子女只得外出打工。有百分之六十的职工办了“买断工龄”或者“停薪留职”手续，男男女女，年轻的都走。一个劳动力，在外地打工，正常状态一个月能得几百元，上了千元的就难保不大正经了。王老先生停顿了一下，心情显得很沉重。

我们到福宝镇水口附近的下蒲村去看旧地主何栋的大宅，[①]那里原来住着二十二户林场工人，现在只剩下一户退休的了。大宅空荡荡的。我们看到一位老太太背着锄头回来，一问，九十多岁了，刚刚去锄了菜地。其余的二十一户工人，都自谋生路，走了。

供销社和粮站的职工以及他们的子女，也都走这一条路，并且也带动了四乡农民。

福宝镇现在继续起着一个地区内工农业产品交换市场的作用。我们在赶场的日子观察过，从称为“九条龙”的山路上来

---

① 何在土改时被枪毙。现在人们说何栋其实“不凶”。大宅曾办“阶级斗争展览馆”，“文革”后拨归林场当职工宿舍。

的男男女女，背篓里装的是玉米粒、红苕、春笋之类，很沉重，一清早就汗流浃背。回去的时候很轻松，背篓里装的是一点点农药、化肥和小农具，也有割一块猪肉的。还有人买了小鸭苗，在背篓里叽叽啾啾，叫得很欢。市上卖农业生产资料的店子也不多，一家化肥店，一家兼卖农药和种子的小农具店，镰、锄、耙、柴刀之类都是手工打的，福华街上就有红炉，铁匠已经很老了，没有带徒弟。

不过福宝镇新区，双河街和新河西街，却很繁华。仔细一调查，这繁华是靠打工仔和打工妹维持的。镇上和四乡农村一共三万多人，倒有八千人出去打工，我随意访问了十六户人家，家家有人打工，少的一个，多的竟出去了四个女儿。头几年打工纯粹卖力气，近几年有搞经营的了。王书记说，有一个在重庆干建筑业，大概已经有了一千万以上的资产。打工的寄了钱回家，第一件事便造房子。新区的房子，除了卫生院、学校和镇政府之类，都是打工人家造的。20世纪80年代初造的大多是二三层的砖混结构楼房，90年代末，造到五六层，现在甚至有两幢七层的了。在开发区，还有人独资造了几十米长的一排楼房。山坡上零散的新房子也都是打工仔的。他们家里人的消费水平在这个浅山农业地区就算很高的了，于是镇上就出现了一批与农业地区经济水平不符合的“高档”消费店铺。开店铺的人有打了几年工回来的，也有从老街和农村直接来的。还有从公家单位退出来的职工和他们的子女。一家店铺每月可得六百元上下的利润，老板们便也进入了“高消费”群体。打工的人大多会间歇性地回乡住些日子，他们出手比家人更“阔绰”一点，那就更加增大了街上的消费量，街上的消费性商业和服务业便不寻常地发达起来。酒家、饭铺至少有二十五家，其中有几家说得上“豪华”。最新款式的大量时装店多得无法统计，因为连成一大片摊架市场。老板娘们到泸州进货，每礼拜一趟，背回一大包来，把长途车天天塞得满满的。美容美发店竟有十一家之多，[①]而中小学生们必需的文具店却只有半家。说它半家，是因为只在百货店里放了个柜台。

王书记说到美容美发店，就面带不屑之色，那里面，大约接近一半，都有不正经的勾当。王书记说，本地话叫“一、三、五”消费，便是“小姐”坐台费每次一百元，付老板娘三十元，茶资倒不贵，一杯只要五角。有几家美容美发店的老板娘是外面打工回来的，很懂得这种经营的门道，把店内店外装修得十分暧昧，门缝里透出紫色的灯光。几家客店、宾馆里

---

① 王书记说有四十家，大概包括鸡市上那种一元钱一次的小理发店，也挂着美容美发的招牌。

也有干这种“服务”业的。每逢周末，新街上便会停着一长溜的轿车，都是从邻近县城赴来销魂的。

打工经济带来了很时髦的生活方式。年轻女子穿着一点也不比城市落伍，头发染成红色、黄色，“松糕鞋”足有几寸厚。在双河街有五家出售兼出租VCD（影音光碟）的店铺，居然还开着两家网吧。离我们住的林场招待所不远，竟有一家娱乐城、一家歌舞厅和一家滑冰场。我溜进滑冰场去看了一圈，水磨石的旱冰场正在维修，旁边有好几个关着门的厅室，也在重新装修，不知是干什么用的。大门上很长很宽的滑冰场横匾一头耷拉下来了，我期待它修好后拍一张照片，不料那横匾被拆下来拿去重新制作了，一直到我们离开也没有做好。街上的这些娱乐消费场所，大约是和美容店配套的，远道而来的顾客寻欢作乐还要“系列化”。

依靠外出打工造成的经济文化繁荣，是畸形的，不免脆弱。现在，攒钱比较多的打工仔、打工妹，已经不再在福宝安家，而到合江城里去买房子定居了。福宝的“开发区”看上去也没有多少生气，许多楼房是空的。想想，当年徽商和晋商的故乡，大概也是以类似的方式发展起来，又衰败下去的。

最引起我注意的倒是打工使浅山区小小一个福宝镇跟全国建立了密切的联系，非常开放。全镇连四乡农村只有三万八千三百多人口，2001年，程控电话有了两千门。有一天，到老西河街去，在新街上看见一家“中国移动联通公司代办处”，进去向坐在柜台后面看电视的营业员打听了一下，他说代办处在2000年11月开业，到2002年4月，每月平均有二三十户入网。这个数字不低，但他懒于给我们查一查确数，我们当然没有办法，只好退出来继续赶路。

新区街上有几个长途汽车站。到广东东莞、中山、深圳、广州，浙江温州、义乌、宁波，云南昆明，贵州贵阳，广西桂林都有来回车，是双层的卧铺车厢。旺季，如春节前后，大批民工回家、离家，天天有几班车。淡季，则要等候，凑足了一车的人数才会发车。到重庆、成都和泸州，每天都有好几趟定时班车。这些车的老板和司机，都是回乡的打工仔，大城市的打工生活教会了他们许多经营之道，把比较现代化的生意带到过去的穷乡僻壤里来了。福宝不再闭塞，现代化的信息技术和交通设施很快把福宝融进统一的大市场里去了。相应，福宝的新区已经看不出什么地方特色，除了沿街多豆花店之外。我所喜欢的很有特色的竹器，街上没有店铺卖，只有赶场日，有附近村民挑着来卖。但新款时装倒可以随时买到。2002年4月，有四川美术学院的一班学生来回龙街写生，来的时候正逢几十年未有的暖春，只穿了夏季的短衫裤，第二天忽然来了一场几十年未有的倒春寒，女孩子们冻得浑身起鸡皮疙瘩。她们跑到新区街上，立马就穿上了很时兴的绒衣，胸前印着几个英文字，左看右看都满意，高兴得几个人拥在一起嘻嘻哈哈。

我第二次到福宝，等过完了春节再出去打工的人还没有走尽。常常可以见到一群一群的年轻人，大多是女青年，带着提包，互相照应着上长途卧车。有一次，见一群女孩子正在上到东莞去的车，我问一个短发的："要乘多少钟头才到？""三十多个钟头。""辛苦吧！""哪里能安逸！像猪！想安逸就饿饭！"女孩子才十六岁，初中毕业，挺秀气的，却不得不背井离乡，远走海疆。但是，丢弃"五龙抱珠"的幻想，脱离土地，正是大部分农民走向现代化必须迈出的一步。

农村也只有在摆脱了过剩人口的压力之后，才能加快现代化。

四川人远出谋生，是早有传统的。记得少年时父亲亲自给我讲授的李白《长干行》，就写四川女子思念到湖楚一带"打工"的丈夫："……十六君远行，瞿塘滟滪堆。五月不可触，猿声天上哀。门前迟行迹，一一生绿苔。苔深不能扫，落叶秋风早。八月蝴蝶黄，双飞西园草。感此伤妾心，坐愁红颜老。早晚下三巴，预将书报家。相迎不道远，直至长风沙。"

现在，出去打工的以女子为多了。她们不再伤春悲秋，而是满怀对新生活的追求了。

愿福宝人走向未来的道路越来越健康，越宽阔。同时，愿福宝老场镇，那条古色古香的回龙街，能长久保存下去，给他们亲切的历史记忆，丰富他们的精神世界。

2002年秋

碛口恋[①]

古镇碛口的调研工作，做得可有年头了。

1997年11月下旬，我们刚刚完成介休张壁村的田野调查，吕梁地区旅游总公司的侯克捷先生就用他那辆好像随时都可能解体的吉普车把我们接到了碛口。这时候，我们已经做了不少乡土建筑的调查研究，从鱼米之乡到戈壁高原都见识过了，一到碛口，看到黄河边上的镇子和附近几个山村，我们还是被大大地震动了。震动了我们的，第一是黄土高原特有的深沟大壑、秃峁断梁，那么荒寒枯瘠又庄严雄浑得惊心动魄；第二是碛口镇三百年兴衰的历史，那么独特又丰富多彩，紧紧联系着黄河河套和秦晋大峡谷中黄河河运的开发和明清两代对蒙古的政策，那是一曲商人和苦力的奋斗史；第三呢，在深沟里，在

① 摘自《古镇碛口》，中国建筑工业出版社2004年出版。

陡坡上，在悬崖顶，在黄河边，一座座窑洞村落，那么自然地惊险，自然地变化，自然地和天地山川生为一体。它们是自然的产物。稍一细看，墀头上装饰着精致的砖雕，门窗上的细棂也疏密有致，连碾子上的石磙和牲口的料槽还刻着花呐！只要有一丝可能，建筑都会洋溢出人们对生活的热爱，记录下人们在极其困苦的条件下的追求、斗争和创造。它们是碛口开发史的实物见证。

侯克捷先生和临县王成军副县长的满腔热情也很使我们感动，他们深深地懂得这些文化遗产的价值，迫切地希望把它们保护起来。他们接我们去，为的就是要我们和他们一起努力做好这件极有意义的工作。我们毫无保留地立即跟他们绾了同心结，决定把碛口和它周边的几个村落作为我们调研的对象。

第三天早晨六点钟，我们在离石坐长途客车回北京，过了石家庄，下起大雪来，车轱辘小心翼翼地滚，到北京已经晚上九点多了，幸好老侯塞给我们一包黄河边上特产的滩枣，又软又甜，这才没有饿瘪。

碛口的研究价值很高，工作的规模必须稍大一点才能体现出它的价值，我们不愿也不敢草草成书。而且，干起来也有些外在的困难。临县是个国家级贫困县，而我们这个研究小组也只有在别的课题上攒下点余钱来才买得起车票，于是，工作就做做停停，三天打鱼，两天晒网。不过，我们始终挂念着碛口，不断向电视台、报刊、学者、摄影家等等中外朋友们介绍碛口。我们还曾经正式推荐碛口和它周边的村落作为国家级文物保护单位，可惜太过匆忙，资料不足，手续不全，没有成功。一天天拖下去，我们肚子里的疙瘩越长越大。

1999年，我们把香港中文大学的何培斌教授拉到了碛口，他一看大为激动，过不了几天，带着录像师又来了两次。在他的支持下，我们在2000年写成了一本初步的研究报告。这以后，我们又在台湾龙虎文化基金会的支持下继续做碛口的工作，带着学生，陆陆续续测绘了几个村落的建筑，并且做了更深入一点的调查。就这样，算下来，到2003年，已经先后去了七八次之多。有一次是盛夏去的，天热得邪乎，风都烫人，李秋香和杜非在索达干往北七八里的黄河岸边抄两块碑，第二天浑身上下凡没有遮挡的部分都脱了一层皮。那天晚上在西云寺斜对面的高圪台上吃饸饹，停电了，点上蜡烛，我仿佛幻听到东市街上管账先生们的算盘声噼里啪啦地响了起来。老侯大概没有在幻觉中闻到饭店小伙计给管账先生们送去的夜宵的香气，而是闻到了我们四个人身上几天积攒下来的汗臭，临时决定，不再在乡政府的文件柜上过夜了，立即赶回县城去。好罢，我口袋里已经有了一整本关于陈敬梓的访问材料，有点儿不适当的满意，就钻进了那辆浑身吱吱嘎嘎乱响叫人不大放心的吉普车。今年年初，我拿出那个笔记本来看，三年前的汗馊气依然扑鼻。

就这么的，到了2003年11月，忽然临县县委孙善文副书记来了电话，说是有了一笔经费，可以用来保护和开发碛口，要我们去帮着做点儿什么。这当然是个好消息，触发了压在我心底多年的愿望，我说，行，这就去。恰好那时候台湾汉声杂志社的黄永松先生在北京，我对他又劝又激再加上诱惑，他动了心，改了飞机票，决定跟我作伴。上午从北京出发，天黑之后到了太原。第二天，孙副书记的车载上我们，过离石拉上侯克捷先生，直奔碛口而去。先到招贤镇，刚刚扎进瓷窑沟，还来不及细看，见多识广、平日里一向不动声色最沉得住气的黄永松立马掏出了手机，放大嗓门，东打一个电话，西打一个电话，打了几个之后，对我说："都跳起来了，那几位都跳起来了。"还没有走出瓷窑沟，秋天里邀些境外专家在碛口开个小型讨论会的计划就大体形成了。我说，可不要开那种说几句话就走人的会，来了就得干点儿什么。黄永松说：那当然！

看过了碛口、李家山和西湾，跟孙副书记交换了些关于保护和开发的设想，确定了我们在第一阶段的工作，这里面就包括完成我们全面介绍碛口和它周边村落的书。这本书，一来可以深化对碛口的认识，把保护和开发的工作做得更准确、更完善，二来可以提高碛口的知名度，引起更多的人的关怀，促进保护和开发。黄永松则负责落实那个开会的计划。

不料，台湾的几位朋友看了黄永松带回去的照片之后，竟等不到秋天开会，立刻要求到碛口过正月十五。于是，我们一齐又去了一趟。刚到离石，王成军副县长候了个正着，给我们吃了顿山西省著名的莜面和荞面，看了看街上热火朝天的龙灯，当天下午就开始进村参观。

《汉声》杂志的出版人吴美云女士和台湾大学的夏铸九教授，走到哪里就喊到哪里，哇！哇！哇！最沉稳的是三联书店的前老总董秀玉女士，不喊，张着嘴笑，老也闭不拢。

吴美云以她的职业习惯，不断问我一些关于写书的问题。我回答：这座房子我们测绘过了，或者，这件事我们调查过了。说着说着，我发觉我们的准备工作确实已经做了不少，是到了动手完成这本书的时候了。夏教授则热心地对孙副书记表示，他们可以为保护和开发碛口做些实实在在的工作，他们在古迹保护方面和区域规划方面有丰富的经验。

台湾朋友走了之后，我独自留下来又和临县前工会主席王洪廷先生到樊家沟、南沟、索达干、高家塌几处去看了一趟，访问了一位行船的老艄。王洪廷先生近五年来一直从事《碛口志》的准备工作，积累了不少资料。他是碛口人，1997年我们第一次到碛口就访问过他。还有一位碛口人，县党校老师薛容茂先生也一直和我们联系着，对我们2000年调研初稿的写作很有帮助。

3月、4月、5月，我们又有人分头到碛口去，工作是调查碛口周边的几个村子，摄影，带同学去补充一些测绘。

王洪廷先生不断地给我们寄些访问记录来，还有他拍摄的照片，薛容茂先生也寄来几份资料。孙副书记则组织了县里的几位“秀才”分头调查了些我们希望得到的资料。可惜我们写的书不能篇幅太大，没能容纳这许多好材料。

七年来，我们这个乡土建筑研究组的全体成员都先后参加了这个课题。我照应总体的工作，负责调查和写作；李秋香负责调查访问和摄影，还主持历年的测绘并参与写作；罗德胤负责三个周边村子的调查、测绘和写作。楼庆西拍了不少照片。我们的“编外”朋友杜非博士参加了一些工作。

参加了田野工作的学生几年来前后几批一共三十六个。其中有一部分用这个题材写了毕业论文。因为人数众多，我们不一一列出他们的名字了。

这次碛口的工作，有一部分学生是利用国庆假期来做的，他们觉得这是一件很有价值的工作，所以宁愿放弃休息，来一厘米一厘米地测量、绘图，做这一份极细致又极枯燥熬人的事。

碛口的工作也有很大的困难。由于题材的特殊性，我们认为需要多做一些社会调查，例如货栈和过载店的经营，大商人的发迹史，等等，但是，我们几乎什么都没有得到。事情过去不过几十年，并不算久远，知道详情的人却已经找不到了。有一些事情和人物，在镇子上倒是留下一些传闻，但各人所传的又大不一样，而且无从取证，真假难分，善恶难辨，我们只好不写了。连一些十分简单的事，例如油筏子的结构和驾驶都弄不确切。王洪廷先生说，这恐怕要到包头去调查才成，我们做不到，写了个大概就过去了。本来还想写一点民俗，但民俗的变化很快，伞头秧歌唱的都是眼前的话，连龙灯也很现代化了，而我们要写的主要是碛口辉煌的当年。于是，也是提一句就算了。

拍照片也一样，眼前是一幅衰落破败的景色，中间夹一些现代化的零碎，很难教人回想起当年的繁华。

这些困难给我们的研究报告留下许多遗憾，但是，比遗憾更重要的是使我们更痛切地感到危机，再过几年，连我们当前写下的这些事情也不会有人知道了。我们国家好像还没有提倡、支持和组织过一批人系统地调查记录几百年来普通而平常的老百姓的生活史。倒是花了大力气去考证夏、商、周的断代问题。那么，我们民族的历史，将永远是“帝王家谱和断烂朝报”，我们的子孙后代，将永远无法知道或者只零七八碎地知道千千万万普通而平常的老百姓是怎样生活着并且创造过多么光辉的文化成就的了。

闲话少说，我们接着干罢，像精卫填海那样。

甲申年上元节，我（七十六岁）、王洪廷（六十五岁）和董秀玉（六十二岁）在黑龙庙戏台上挽着臂膀唱了几首五十几年前年轻人的歌。朋友给我们拍了照，我在照片下面写了几句：

如果你已经把青春忘记，
请和我们一起回忆；
乱石碛上也会开放花朵，
我们的生命化成了新泥。

2004年4月

序跋选摘

《古村郭峪碑文集》[①] 序

中国有两千多年不曾间断的官修正史，世上独一无二。但是，正史所写的大都是统治阶级上层的事，所以大学者梁启超说，一部二十四史，无非是帝王家谱和断烂朝报，即使熟读了史官们的著作，仍然不知道我们民族的生存状态和它艰难的发展历程。所以，我们在许多重要问题上不得不借重各种私家著述，甚至笔记说部之类。但这些书所能提供的史料仍然偏于社会的上层，而且很零杂片断，真实性也难免有可疑之处。

整个二十四史或者二十五史所覆盖的历史时期，中国都是个农业社会。因此，要了解我们这个民族两千多年的生存状态和发展历程，必须了解农村，了解农民。要了解农村和农民，工作不得不从头做起。首先要有计划地大量做全面、深入、细

---

① 《古村郭峪碑文集》，王小圣、卢家俭主编，中华书局2005年出版。

致的个案调查。个案调查的一部分重要工作是搜集乡土文献资料，而乡土文献资料中，最基本的是宗谱和碑文，还有可供参考的地方志。宗谱和地方志早就引起了一些学术机构和史家的注意。但是，地方志写的是一个县的建制里的事，而且仍然是官家的史书，着重于本县的疆域、建置、山川、职官、科名、乡贤，再加上长长的贞女节妇名单。那些田亩、钱粮、户口，未必能反映真实的情况，而且常常见到历次所修的志，多有不明原因的难以解释的出入，所以，对研究农村个案来说，地方志的史料价值并不很大。

江南各省的农村，以一个姓氏为主的血缘村落比较多，宗族历来重视修谱，谱的篇幅大，内容丰富。除了必有的谱系之外，大多还有诸如族规、重要人物的传记、宗族的各项管理制度、大事记和艺文等等，它们大多能提供不少很有价值的史料，即使贞女节妇的小传，也能透视出生活的一角。但宗谱提供的史料也有很大缺点：一来是宗谱传人不传事，史料大多夹杂在人物传记里，比较零散，而且大多年代不详，难以整理成系统；二来是宗族内部难免有社会分化，人物传记之类，几乎全是记乡绅，尤其记修谱时候出钱多的人或者管事的人，内容也会扬善隐恶，有失实之处；三来是主持修谱的人大多是在乡知识分子，所谓士绅，他们深受儒家思想影响，于史实取舍或叙述之中片面性很大。例如，许多村落的繁荣，都因为从明代晚期起一批村人以从商致富，带动农村的建设，但宗谱里最喜欢说的是村人的科名成就，虽然只不过出了几个贡生之类；却不提商业和手工业的成就，虽然宗庙的巍峨、寺观的壮丽、宅居的富赡、书院的精雅、桥梁道路的便捷，其实大多仰赖商人捐资。被贬为“四民之末”的商人们的这些贡献，只在“义行”栏目里有点儿零星记载。

宗谱里最不可轻信的有两点，一是往往附会显赫的古人为自己的先祖，即使本姓里没有显赫的人物，也会编造故事说祖上某人因为某种事故而改易了姓氏，而原姓氏血缘本是某大人物之后。二是往往编造先祖迁徙来历，如四川人多来自湖北孝感，皖南人多来自徽州篁墩，福建客家人多从江西翻越武夷山经石壁迁来，而北方各省人多是从山西洪洞县来的。事实常常是，一个某姓的先祖初来的时候比较穷，人口又少，不会早早立谱，过了四五代甚至更久，境况好了，族人多了，才立意修谱，这时明白上代情况的族人已经很少，所以就聘请“谱师”来编。谱师是祖传的很专业又很封闭的职业，他们有很多“传子不传女”的秘密口诀，就包括给人续祖先和编造迁移路线。

北方各省，以一个大姓为主的血缘村落比较少，宗族势力比南方各省弱得多，或者根本没有宗谱，或者只有一份谱系图而已。因此，北方不少杂姓村落重要的管理方式是建立公选的“社”和“会”，它们的工作大多由“公议”决定，所以村里都有很多石碑，记载下大大小小的事件，从建村、造墙、修庙、铺路、禁赌、育林、纠纷、协议、天灾人祸、树木归属、风水保护、演戏舞龙直到打扫街巷的责任制度、过桥规矩、买卖章程等等，反映着杂姓村落的特点。这些碑文中有许多像地方法规、公告或者契约，措辞严谨，不能夸张虚饰；一事一碑，巨细不遗，公道诚实；甚至公布账目，直到几分几厘几丝几忽，所以它们的可信度比较高，史料价值很大，搜集起来，能够相当系统地刻划出乡村社会生活的整体面貌，具体而生动地勾划出村民的生存状态和对发展的追求。这种珍贵的史料，可惜还没像宗谱那样受到重视。

但是，这些石碑，半个世纪以来遭受的摧残很严重。不仅仅是因为“破四旧”，更是因为石料很有用处。统一的人民公社政权建立之后，传统的农村半自治的“社”和“会”的“公议”式的管理完全废除，这些石碑失去了现实的作用，便被用来铺地、填坑、搭桥、垒墙、墁猪圈、造厕所、当磨刀石，甚至砸碎了烧石灰。幸运一点的，被有点儿雅趣的人家搬去在院落里架起来摆花盆。如果再不赶紧抢救，连残存的一些也快要破坏完了，那么，中国农村的历史将有很大一部分会永远失去，我们将永远不能完整地、具体地、生动地了解我们民族的历史了。

郭峪村是山西省阳城县的一个大村，过去因产煤铁而很富裕，曾经有过二百九十多块明清时代的石碑。20世纪下半叶，像其他地方一样，石碑被“废物利用”，损毁殆尽。从2000年秋天起，郭峪村党总支和村委会认识到了这些石碑的重大文物价值，下决心加以收集，得到村民们的积极支持，经过多半年的努力，终于得到了七十多块。虽然只及原有石碑的四分之一，而且多有残缺和磨损，它们还是勾划出了郭峪村的一部分重要历史。这些历史，不但是郭峪村的，而且有更广泛的意义，例如关于明代末年李自成农民战争、郭峪村内部社会矛盾、煤矿纠纷、商人的经营和他们对乡里建设的贡献等等，甚至公共工程捐款的芳名录里也透露出工商业和金融业发展的信息。郭峪村党总支和村委会把这些碑文请人点校，编书出版，对我国的史学是一个很有意义的事件。更进一步的是，希望以这本书引起对农村的，也包括城市里的石碑和其他乡土史料的普遍关注，赶紧加以有规模、有计划地收集整理。这些石碑都是文物，应该得到文物的待遇，千万不要再失去它们。

为了充分认识郭峪村碑文的价值，应该先认识郭峪这个村子。

郭峪所在的晋东南阳城县，土地硗薄，不利稼穑，但富有煤、铁、硫磺等矿产。早在明代初年，铁产量就居全国前列，从而促进铁器手工业的发达。靠农业难以糊口的居民，纷纷以冶铁和贩运铁货为业。从明末到清末活跃在全国的晋商，其中有一支叫阳城帮，便是以铁货贸易起家的。郭峪村并不产铁，但产优质煤，冶铁离不开煤。郭峪村民因挖煤而积累了资金，就投入到商业中去。清代末年，以金融业为支柱的晋中大商户衰败之后，以矿业为支柱的阳城帮依然很活跃。民国年间，郭峪全村二百户，户户有人长期在外经商。村子比较富，文化也就跟了上来。郭峪村在明清两代出过六名进士，明代末年，有张好古一门三进士，有张鹏云一家祖孙兄弟科甲。张鹏云是万历进士，崇祯时任蓟北巡抚，他孙子张尔素是顺治进士，任刑部左侍郎。距郭峪不过一公里，有个黄城村，当年属郭峪管辖，那里出过一位著名人物陈廷敬，顺治进士，康熙时任文渊阁大学士，为《康熙字典》总裁官之一。黄城村本是郭峪陈氏的别业，陈廷敬上代是从郭峪村迁去的，他的母亲还一直住在郭峪村。

阳城是山西通往中原的隘口之一，古来兵家必争之地。战国时期的鬼谷子王诩便在境内云蒙山（古称“云梦山”）隐修。韩信、王莽、李渊都曾过阳城去夺天下。明末李自成的老十三营王自用部，多次攻击阳城，郭峪、黄城、上庄、砥洎都是反复血战之地，纷纷建造了坚固的防御工事。郭峪村于崇祯八年（1635）始建的寨墙最高处竟达十九米，遗憾的是东城门和北城门在“文化大革命”时拆掉了，村中心还有一座作瞭望和最后困守用的敌楼，叫豫楼，高三十余米。

郭峪村的居住建筑，包括陈廷敬故居和张鹏云故居，并不豪华。但郭峪村有一座宏大的汤帝庙。晋东南和晋南一带，是中华文明发源地之一，尧、舜、禹、汤的遗迹到处都有，奉祀他们的庙宇也分布很广，郭峪的汤帝庙是其中十分壮观的一座。大殿九开间，戏台和钟鼓楼飞檐相接，斗拱交错，是规格很高的木构建筑。村里有过一座文庙和一座先贤祠，规制也很宏丽，可惜都在“文化大革命”时期被拆除。

过郭峪村东门外樊河对岸山上有侍郎寨，也属郭峪村，但有独立的防御工程，不过因为造公路和长年失修，城墙已很残破。侍郎寨往北，山上有文昌阁、石山寺和晴雨塔，都是重要的景观建筑，也在“文化大革命”中被毁。

郭峪村经历过多种多样的历史场面，含蕴着丰富的历史信息。这些信息的很大一部分，用文字记载在那将近三百方的石碑里，这些石碑因而非常珍贵。现在，石碑虽然只剩下不到四分之一，仍然还可以见到一个晋商村落大致完整的历史面貌。因此，这本碑文集是很有价值的，希望引起史学界的重视。

2003年

《江南明清门窗格子》[1]序

一位伟大的思想家说过，人总是按照美的规律进行创造的。

整个人类文明证明了他这个判断的正确。

在我们的乡土环境里，只要具有一双善于发现美的眼睛，就能处处见到美。心灵手巧的农人们不但把房屋建造得那么美，甚至把日常用品和劳动生产工具也制作得那么美。

在一座十分偏僻的山村里，我见到过一根扁担，据说是新媳妇回娘家挑礼品专用的。扁担中间稍宽一点，也过不了三指，两头渐渐变细变薄，尽端尖尖，不过一指。扁担断面呈梭形，两侧的尖棱漆红色，而整条扁担是黑色的，锃亮。扁担弯弯如弓，搁到肩膀上，两头高高翘起，轻快得像蜻蜓翅膀。精

---

① 《江南明清门窗格子》，何晓道著，浙江摄影出版社2005年出版。

巧的细竹礼盒挂上去，得用一对小小的钮子挡着才不至滑落。这一对钮子，黄铜做的，刻成金刚锤的样子，镶在扁担头上，在黑色衬托下闪闪有光。房东老太太说，这钮子也有用细藤丝编的，可以有许多样式。

房东老太太八十来岁，成天坐在门口搓麻线，手掌在腿上来来回回搓，麻线便一段一段长了。一天我走过去看，老太太腿上垫着一片瓦。那片瓦把我惊呆了，为了增加摩擦，竟在它上面刻了一朵盛开的牡丹花。老太太说：刻什么都可以呀，几条云水流线也行，鱼戏莲叶也行，刻戏文故事的也有。她膝前板凳上搁着一绺麻纰，用两块泥烧的镇子压住两头。那镇子，六角柱形，每面浮雕着一幅花卉虫鸟。镇子顶上挖一个凹坑，装着点儿水，老太太每取一次麻纰，就先把食指蘸湿。后来我在许多人家见到，镇子形式也是五花八门，有鼓形的，有瓜形的。搓成的麻线用左手一段一段拉过去，为了省力，也为了绷直，那头坠着一条泥烧的鱼，张鳃摆尾，活泼得很。麻线就在它背鳍上穿过。下方地面上放着个细篾工的小笸箩，麻线一圈圈盘在里面。老太太说，搓麻线时用的这一套小玩意儿一共有六件，可惜我只见到四件。我估计另外两件里会有一件是缠线板，不知道是不是确实。

乡民们的日用家伙里最粗放的大约是鸡笼和谷箩了吧。但看一看它们，那样式，饱满的轮廓、弹性的曲线、疏密有致的编织，以及它们和使用功能的完美融合，真是巧妙之极。尤其是那谷箩，从方形的底部到圆形的上口，变化得那么流畅；箩口急转弯式的向内收缩，多么有力，又多么便于搬运时候下手。

有一个村子，农人们下田耕作，腰间系着一个水葫芦，葫芦外面用细篾条编一个有鸡蛋那么大的六边形网眼的套子，稍带一点随意的粗糙。有一个村子，妇女们扎堆晒太阳缝缝补补，身边放一个细篾编的针线筐箩，这筐箩连带着一个座子，外廓有直线的，有曲线的，前者挺拔，后者优雅。座子抬高了筐箩，妇女伸手可得，不必弯腰。有一个村子，我们粗粗估计一下，给少儿专用的便器就有二三十种，都是父亲们农闲时节自己做的，设计很巧妙而且有童趣，有一件像木马，前有排水竹槽，后有放瓦盆的座子。有一些村子，在贫苦的黄土高原上，什么都用石头做，人们在喂骡马的料槽上满刻着一层薄意的花卉，碾子上的石磙两端则各刻一朵饱满的盛开的莲花。也是黄土地上的这些村落，往往在窑洞壁上装几个拴牲口的扣环，用石头雕成，那扣环竟也有一些经过装饰，有一种做成一只手的样子，食指前伸，其余的指头掐成一个圈，正好套缰绳。当地人生活得很艰难，这些装饰所表现出来的对美的渴望就格外动人。

这就是乡土环境里的文化创造，创造着生活的美，创造着美的生活。爱美就是爱生活，美就是生活。

又有一位伟大的思想家说过，在分化为不同阶级的社会里，并没有统一的文化。劳动者的文化和统治者的文化是不一样的。我们拿乡土社会里农民们的文化和宫廷的、士大夫的文化比较一下，其间的差别确实非常鲜明。统治者的文化总是占统治地位的文化，千百年来，被认为珍贵的、“子子孙孙永宝之”的，是那些宫廷文化和士大夫文化的作品，而民间的作品却被冷落在一旁。这个传统僵硬地延续下来，直到如今，我们连个上规模的系统的民间工艺作品收藏都没有。

我们早就应该把更多的眼光投向民间的美了。我们应该有许多博物馆，各地方都有，把民间曾经有过的美收藏起来，那油灯架、蜡烛台、“狗气煞”、手炉，万万千，千千万呀！为什么不用它们来提高我们的，更有我们后代的审美能力，以利于去发展，去创造新的美。

在民间实用艺术品里，门窗格子是很有地位的一大类。它们既要分隔室内外空间，又要沟通室内外空间，这正是建筑物的基本功能之一，因此门窗格子成了建筑物的基本功能性构件。在大块平板玻璃广泛使用之前，没有哪一座建筑物可以不使用它们。它们之所以以格子式为主，是因为冬季需要糊纸防风，夏季需要贴纱防虫。它们的构造方式和使用方式决定了它们必定要采用大面积的平面图案。中国建筑是内向院落型的，绝大多数房间并列而面对内院，于是门窗连绵成片，站在院落中央四望，几乎满目尽是门窗格子，在白纸的衬托之下，或在灯光的映照之下，它们的图案极其鲜明。在室内看，它们又是镂刻、剪裁外光的艺术。因此，民间工匠便花大力气提高它们的装饰性，它们成了创造建筑美的重点之一。千变万化、勾心斗角，它们达到了工艺和审美浑然和谐的极致，构成了中国建筑的一项重要特色和重要成就。

和建筑物的整体一样，门窗格子有它的时代性和地方性，也受到房屋主人不同社会文化地位的影响，再加上人们在图案和装饰上寄托了“万方安和”“福寿绵长”“风调雨顺”“瓜瓞绵绵”之类的吉祥寓意，门窗格子的艺术因此更加丰富多彩。

门窗格子的制造者是很普通的农民工匠。他们一手犁耙，一手刀凿，农忙务农，农闲打工。遇到水旱灾害，农田失收，他们便背起小包裹，成群外出谋生，以手艺养家糊口。前些年，我在浙江省武义县调查乡土建筑，发现清代有两个时期，武义一些乡村的房舍特别宽大，特别精致。承乡亲们告诉我，那两个时期，正逢不远的以建筑手艺传家的东阳和泰顺两县大灾，颗粒无收，农民们便游走四方，给人家造房子。自古以来，农民工便是在这样的状态下创造了光辉灿烂的成就，留下宝贵的文化遗产。

近年来全国城乡都进行着热火朝天的建设，许多老房子拆毁了，那些精美的门窗格子和其他的装饰构件都散失了、破坏了，或者被境外的人们收购去了。我亲眼看见，一个长达两公里的旧木料市场里，梁、柱、檩子和整个的楼梯都很值钱，而精雕细刻的牛腿、梁托之类却被扔到泥塘里垫脚，因为它们“没有用处”，连烧火都不旺。门窗格子倒是可以烧火，我又亲眼看到它们被拆碎来当干柴爿。因此，当我在海峡对岸见到一座又一座大仓库里堆满了大陆运过去的这类建筑艺术构件的时候，我一言不发，只在心里默念“人遗之，人得之”，以致那些准备大事谴责这种拆卖和收购艺术珍品的朋友们都觉得很奇怪。

晓道曾以经营旧家具和门窗格子为生。但他是有心人，很快觉得，这行业要有必要的限制和规范，起码是不能径直去拆房子，而只能收购城乡拆迁的遗物。再过些日子，他成了一个保护者、抢救者，收藏了一大批珍品。再后来，又成了一个研究者。他先后在老家浙江省宁海县大佳何镇和宁海县城办了两个博物馆，陈列他收藏的民间工艺品，主要是家具和朱砂漆的日用品，其中尤其珍贵的是整套的妇女嫁妆，他起名为“十里红妆”。近日，他又在所藏的大量门窗格子中严选了一部分，精心拍摄，加以他研究所得，编印成书。

这是一本很有价值的书。我希望它成为一本很有启发意义的书，能够引起更多人对乡土文化遗物进行系统的收集和研究。尤其希望有关的部门能够立即着手抢救，尽快建立各级上规模、上档次的乡土艺术博物馆。

是到了该抢救的时候了，非抢救不可了，否则，我们会永久地失去大量民间的乡土的创造性的美，价值至少不下于庙堂的和士大夫的。

救救乡土文化遗产！

2005年1月6日

《走近太行古村落》[1] 序

"赶快科学地抢救保护晋城市的乡土建筑！"看了《走近太行古村落》这本摄影册之后，心情激动，所以提起笔来，先写出这句话，才能冷静地坐下来再写点别的。

不知为什么，我，大概也包括我常常接触到的朋友们，过去很长的时间里，对晋东南的乡土建筑知道得很少。我们大多知道山西省的应县木塔、云冈石窟、大同和五台山的庙宇群。它们是无价之宝，但它们主要是宗教力量的表征，是山西省能工巧匠的丰碑，并不能告诉我们山西省的社会史、经济史和全面的文化史。

也不知为什么，我，大概也包括我常常接触到的朋友们，印象中仿佛山西省是个封闭保守，甚至有点儿落后的地方。因

① 《走近太行古村落》，阎法宝著，中国摄影出版社2005年出版。

为我们大多不了解山西省的社会史、经济史和全面的文化史。近年来，晋商的贡献渐渐被大家知道了一些，主要的还是晋中商人在内蒙古河套地区和向西方开拓的活动，而他们在文化史上的地位仍然不大被人知晓。

我是在1997年才初次到晋城去的，有朋友托我去了解一下阳城县的砥洎城。那时候，北京人还不大知道到阳城县怎么去。我先乘火车到了河南省的新乡市，下了车，在车站打听到晋城去的车，问讯窗口的人居然懒于回答，惹得我火起，跟她吵了一架。过了一夜，第二天才搭火车到晋城，再换乘汽车到了阳城。阳城博物馆的人们十分热情，安排我住了一晚上。到了砥洎城，已经是第三天了。看完砥洎城，我心有不甘，问问还有什么村子可看，于是推荐我们又去看了郭峪村和黄城村，当天回阳城。又过了一晚上，天亮到晋城赶火车，却不料被郭峪村的书记赶来截住，邀回了他们村。一来二去，就答应他到郭峪做些工作。

动手做工作已经是第二年的事了，一面做，一面到附近走走，看了山后面的上、中、下三庄，也看了郭壁、周村和窦庄。稍远一点，就到了南安阳、泽州县的冶底村和高平市的侯庄赵家老南院。不久之后，又应邀到沁水县的西文兴村做工作，围着它也看了几处村子。

再后来，我们到晋中介休县张壁村和晋西临县碛口镇去了，同样也是边做边看。那两处的乡土建筑，又和晋东南的有很明显的不同。

看了几年，干了几年，山西省乡土建筑的丰富和精致着实使我们吃惊，尤其是这些村落保存的完整，更使我们兴奋，这在我国的东半部已经很少了！看来，山西省可不是个封闭保守而有点儿落后的地方。这些乡土建筑突破了庙宇、石窟之类狭窄的框框，以它们品类之繁、形制和风格变化之多、与生活之贴近、对自然环境适应之灵敏，给我们讲山西省的社会史、经济史、文化史这几门课了。

别处暂且搁下不说，且说晋城市，也就是古泽州。渐渐，我零星地知道，原来泽州早在旧石器时代已经有了下川文化，后来又有“舜耕历山，渔于雷泽”的传说。商汤伐桀，夏桀带着妹喜出逃，就藏身在泽州高都的一个山洞里，这里有仰韶文化的遗址。晋城地区竟是华夏文明的发祥地之一。这里小小的一座寻常村子，就可能有一座尧庙、舜庙或者汤帝庙。

太早的也暂且搁下不说，且说明代以后的事。手头有一本书，里面有两则资料：一则是明人沈思孝说：山西“平阳（今临汾）、泽（今晋城）、潞（今长治）豪商大贾甲天下，非数十万不称富”（《晋录》）；另一则是清代惠亲王绵瑜说：“伏思天下之广，不乏富庶之人，而富庶之省，莫过广东、山西为最。”（《军机处录副·太平天国》卷号477）即使把这些话打几个折扣，山西之富也算得上在全国领先。而且，至少在明代，山西之富首先在晋东南，并不在晋中。

晋城的富，第一依仗煤和铁。雍正《泽州府志·物产》载：“其输市中州者，惟铁与煤，且不绝于涂。”中州便是河南省。据同治《阳城县志·物产》说：“近县二十里，山皆出（铁）矿，设炉熔造，冶人甚伙，又有铸为器者，外贩不绝。”这一段记载教我想起了第一次到晋城去的情况。那天晚上从郭峪回阳城县城，天已经漆黑，料不到，车一拐弯，窗外展开了一幅惊心动魄的场景，无数熊熊燃烧的火焰密密麻麻布满了天地间，火光照见蓝色的烟雾浓浓地滚过来又滚过去。问问博物馆的朋友，才知道那是漫山遍野的小高炉和炼焦炉。后来到郭峪村工作，附近上庄、中庄、下庄三个村子坐落的山沟就叫“火龙沟”，想必当年也是高炉连绵，火光烛天。那座于明末崇祯年间扩建的很有特色的小寨堡砥洎城，七百多米长的城墙的内层竟完全是用炼铁的废坩埚砌成的。在阳城各地，用坩埚建造的宅墙和院墙几乎处处都有，排成的图案很有装饰性。高平、泽州县，也同样以产铁和煤著名。而且晋城各县的无烟煤质量很高，以致室内采暖和举炊虽燃煤而不需要安装烟囱。民间传说，英国王宫里的壁炉都用这里的无烟煤。

铁的生产也带动了不少手工业，如犁铧和锅曾是晋城地区的名产，远销华北各地。铸铁也广泛用于日常用品，甚至用于工艺品。锅盖、笼屉，油盐罐、烛台，别处用木料或者陶瓷做的，这里都用生铁铸造。我称过一只笼屉竟三四斤重。还有专用来烙一种很好吃的煎饼的铁锅，简直是个大铁疙瘩。最叫我喜欢的是压婴儿被角用的铁娃娃，浑厚简朴而又生动，可爱极了。同治《阳城县志·物产》里还记述："每当上元，山头置巨炉，熔铁汁，遍洒原野，名三打铁花。"这打铁花我没有见到，但在贴近山西省的河北省蔚县，见到过一些堡子在上元节用铁勺向堡门墙上泼铁汁，金星一阵阵像火山爆发一样，场面壮观无比。冶铁竟转化出了文化习俗，年年演出一回，堡门墙上铁汁结成了厚厚的痂。

详细介绍泽州（晋城）的各种物产不是我这篇小文的任务，我不过是回忆起几次晋城之行，兴致上来，写了一段冶铁的事，以反证我过去对这里长期富裕的无知，也给这里乡土建筑之所以繁荣衬垫一下经济背景。不过另有两件当地的生产不得不提一下，第一件是进一步证明我曾经的无知，原来，除了又黑、又硬、又粗砺的煤和铁，晋东南在明代居然还是那又白、又柔、又细滑的蚕丝的重要产地。过去我一直以为养蚕、缫丝、织绸是杏花春雨中江南姑娘的专长，错了。第二件是，这里又盛产琉璃制品，艺术水平很高，多用在庙宇建筑上，如鸱吻、正脊、宝瓶、“三山聚顶”等等。由于近几十年的败坏，许多琉璃制品落了难，以致在用残件随意装饰过的牲口棚、碾房之类的屋顶上，都可以见到极精美的琉璃制品。我在这里随手插一句话：如果把它们收拾起来，办一个陈列馆，那艺术水平绝对是第一流的。

手工业的发展和商贸的发展总是互相促进的。晋城一带有这么发达的手工业，自然就会发展出自己的商业来。前面引用的两则史料，说的也是泽州和阳城的铁“输市中州”和“外贩”。清代郭青螺《圣门人物志序》里说：泽州、蒲州“民去本就末”，“本”是农业，“末”是商业。“去本就末”便是弃农从商。

晋中商帮，主要的活动是向北、向西开拓，远的可以达到俄罗斯甚至法国，他们靠的大多是河套地区主要由山西移民开发的农业和畜牧业产品，并贩运南方的茶叶之类，而晋东南的泽潞商帮，则主要向南、向东南开拓，包括河南、陕西、安徽、江苏、浙江、山东、福建、湖广等地。明代万历《泽州府志·卷七》写道：泽州“货有布、缣、绫、帕、苔、丝、蜡、石炭、文石、铁，尤潞绸、泽帕名闻天下……”主要的商品是煤、铁和丝织品。和泽州相邻的潞安府，“货之属有绸、绫、绢、帕、布、丝、铁、蜜、麻、靛、矾”。（万历《潞安府志·卷九》）两州的商品有不少重合。

晋城古代商人中出了许多长袖善舞的“豪商巨贾”。高平市侯庄的赵家，从明代起便从事商业，主要经营铁、酒、醋、日用杂货等，生意一直做到浙江的温州（瓯）；村里人传说，沿途州县相距一天的路程处便有赵家的店铺一座，赵家的人从高平老家到温州去，一路上都只住宿在自家店铺里。后来又胜过同样贸通天下的徽商，几乎垄断了淮北的盐业。阳城县南安阳村的潘氏，清代初年开始经商，贩运阳城的铁器、土布、陶瓷器和外地产的盐、绸、百货等，店号遍布中州，远达江苏和浙江。潘氏在河南朱仙镇有很大的买卖，村民传说，每月都从朱仙镇运来数十驮的银洋。

以矿冶起家，以经商致富，晋城人便像旧时全中国的男子汉一样，把建设家乡当作头等大事来做。这其中当然以起造住宅为首，还有许多其他的公用建筑和公共工程，都由富商主动承担。

我斗胆说一句，泽州商帮，和南方的徽商和江右商不同，甚至和晋中的商帮不同，并没有因为忙于发财而荒弃了读书，他们在科名仕禄方面仍然保持了很好的成绩，“文风丕振”。

阳城县火龙沟里的上庄，小小的，只有几百人口，从明代中叶到清代初年，出过五位进士，六位举人。其中两位进士，竟同出清初顺治三年（1646）一榜。嘉靖进士王国光，曾任过户部尚书、吏部尚书、太子太保、光禄大夫，辅助张居正推行了重要的制度改革。郭峪和黄城在明清两代一共出了九位进士，其中陈廷敬曾任文渊阁大学士兼吏部尚书，是继张玉书之后《康熙字典》的总裁官。更小的砥洎城，曾有三位进士，其中乾隆四十四年（1779）进士张敦仁，是一位难得的数学家，出版过几部学术著作。

因此，晋城的乡村，不论大小，在我初识它们的时候，很为它们的文化气息吃惊。许多村子都有文庙、文昌阁、魁星楼、焚帛炉、仕进牌坊和世科牌坊，还有乡贤祠。我第一次见到曲阜孔府准许外地村子建造文庙的批文是在郭峪村，那以前我还不知道外地村子造文庙要向曲阜孔府申请批准。也是在郭峪村，我第一次见到用世科牌坊当作宅子的门脸。在我到过的村子里，以沁水县西文兴村的书卷气为最浓。它很小，但各种文教类建筑应有俱有，而且连成一片占了村子很大的一部分。尤其叫我吃惊的是，石碑很多，竟有些是书法和绘画，例如托名吴道子的神像和朱熹的诗，虽然都不免是赝品，但也有模有样，传达出村人的翰墨素养。

晋城的商家住宅，很不同于晋中的那些大宅，平面形制比较多样，宽敞开朗，高平市侯庄的赵家老南院、阳城县的南安阳村和洪上范家十三院，规模都很大，布局都很灵活而宽松。村子相去不远，主导的住宅形制就可能有明显的差异，比如沁水县西文兴村，那里的几座大宅就大大不同于相去不远的郭壁村的。从西文兴村分迁出去的铁炉村，相距不到十里，住宅的形制也跟西文兴的大不一样。人们似乎没有过于拘泥于一个模式的习惯。看来，这大概和泽潞商帮多到南方去有关系。建筑又一个和商人有关的特点是虽不如晋中的豪华，却仍很重装饰。万历《潞安府志·卷九》说："长治附郭，习见王公宫室车马之盛而生艳心，易流于奢"，"商贾之家亦雕龙绣拱，玉勒金羁，埒王公矣"。商人凭财富突破了原来的社会等级关系，取代贵族而引领风尚，但他们仍会效仿贵胄们的豪奢习惯。这是商业资本发展之初的普遍现象。

最引我发生兴趣的，是这地方建筑流行的一种做法：宅子的两厢，或者加上倒座，或者再加上正房，楼上分别设通面阔木质外挑敞廊，有木楼梯从院里上去，非常轻巧华美。有些人家，甚至四面敞廊连通，形成跑马廊。我之所以对这种做法有兴趣，是因为我悬揣，这种做法或许是泽州商人从南方学过来的，可能是南北方建筑文化交流的绝好例子。

晋城的历史上有过一件大事，那便是明代末年，陕西的农民军曾经渡过黄河来大肆烧杀劫掠。于是，有些村子的商人们毁家纾难，捐出巨资来为村子建城筑堡。砥洎城、郭峪、侍郎寨、黄城、湘峪、周村等著名的堡寨，都是那个时候建造的，郭峪和黄城，还各有一座三十几米高的碉楼。它们是那一段历史最有力的见证。

我并没有全面地调研过晋城的历史和它的乡土建筑，只凭几年来去过几趟的零星印象，粗糙地勾勒一下那里的乡土建筑和当地经济史、社会史、文化史的关系。这个关系，正是乡土建筑遗产最基本的价值所在。建筑遗产，是历史信息最生动、最直观也最易于理解的载体。我没有经过全面的调研而违规胡乱动笔，这是因为受到《走近太行古村落》的推动而不能自已。2006年10月，我正在高平市良户村访问，有幸遇到程画梅女士和阎法宝先生也在那里，承他们夫妇当场送了我这一本书。

他们二位都是晋城人，长期在市里担任过领导工作，退休之后，怀着对本乡本土的热爱，走遍晋城的乡村聚落，一方面拍摄照片，一方面调查访问，历经两年，终于完成了这本图文并茂的书。在高平那几天，我白天在外面跑，晚上冻得早早钻了被窝，没有细看这本书。回来之后，刚打开看了看，就被一位英国朋友拿走了，这本书大大点燃了他对中国乡土建筑的兴趣和热情。阎先生知道之后，立刻又给我寄了一本来，我这才得以细细咀嚼了一遍。

近年来，类似的书出了一些，但是，中国多么大呀，几千个县市，几万座村落，我们还需要多少本这样的书。而且这样好的书，认真的而不是粗糙的，深入的而不是浮躁的，精致的而不是急就的，总之，是出于爱和责任而不是为了别的什么。中国的历史不只是帝王将相和士大夫的历史，它是由五十六个兄弟民族的广大民众共同创造出来的历史。中国有过漫长的农业文明的历史，村落是农业文明的博物馆，它们几乎储存着我国农业文明时代广大民众的社会史、经济史和文化史的全部信息。可是，这几万座历史博物馆正在以极快的速度毁坏着，我们必须抢救它们，紧急地抢救它们。一方面是希望有更多的人来写书；一方面是花力气认真地保护一批历史信息丰富、重要而独特的古村落。

我从事乡土建筑研究和保护已经二十多年，每时每刻都因它们的消失而苦恼万分。但二十年的经验也使我认识到，真实地、完整地保护一批有价值的古村落在实际操作上和财力上是完全可能的，困难在于怎样使各级当权的长官科学地理解这件事的意义。目前妨碍他们中一部分人的理解的，一是他们对古村落的价值观，二是他们对自己的政绩观，这两方面相互关联。如果长官的政绩观是唯经济指标的，那么，他便会在文物建筑保护上或者不作为，或者瞎作为。不作为，是因为他们见到在他们短短几年任期里保护古村落不可能给他们的政绩增添什么，倒可能花掉不少钱而得不到回报。瞎作为，是因为他们见到保护古村落有利可图，于是完全不顾它们的长远生命，在一些规划和建筑设计人员支持下，或者大抓商机把古村落“开发”成热热闹闹的市场，失去了它们的历史品格，不再是村民们自己安居乐业的家园；或者予以“包装”，造些亭、台、楼、塔、阁、牌楼、城门和城墙之类，甚至不惜拆除一些老房子，给这种格格不入的东西腾场地；更加恶劣的，是几乎把整个古村落弄成个假古董。文物建筑、古村落，当然是可以用来赚钱的，但要“取之有道，取之有度”。有道就是把旅游当作一件文化教育事业来办，年轻人旅游，首先为了长知识。而知识当然必须真实，也就是要求文物村落必须真实。有度，就是要把文物村落的保护放在第一位，在这个前提下开发它的多方面的价值。总之，文物建筑、古村落，它们的根本价值系于它们的真实性，包括完整性，一旦文物建筑、古村落，失去了真实性，它就失去了作为历史文化信息携带者和传递者的价值，不再能成为文物。不论把文物村落弄成假古董在眼前有多么大的经济效益，这种做法都是对民族、对世界、对未来、对历史的犯罪。这不是什么长官可以用不负责任的话混过去的事。因为，文物建筑、古村落，不属于一个国家、一个时代，它们属于人类，属于永恒。

我相信晋城市的各位领导人能够科学地对待太行山的这份珍贵的遗产。既然有了写书的人，一定会有懂书的人，我满心欢喜。

2007年2月于北京

《宁海古戏台》[①] 序

浙江省是个好地方，经济和文化都很发达。经济文化发达，文物就多，而且爱护保护文物的人也就多。

东海之滨的宁海县，在浙江省算起来，不很大，不很富，也不很强，但是它竟保存下来了明清两代的古戏台一百几十座。保存下来的戏台都是造在庙宇和祠堂里的，除了城隍庙，这些庙宇和祠堂都在农村。近几十年，农村经历过剧烈的变化，甚至摧残，宁海竟还有这么多的庙宇和祠堂连同它们的戏台能保存下来，这说明，宁海的人们在那样疯狂的年代里，仍然珍爱着他们的文化财富。

不过，事情还有另一面。我们曾经失去了多少珍贵的文化财富呢？我手边没有完整的资料，只能从旁边介绍几个参考

---

① 《宁海古戏台》，徐培良、应可军著，中华书局2007年出版。

数字。1991年编的《新昌文化志》记载："据1952年统计，新昌万年台（按：即正规戏台）计有827座。"新昌是个山区小县，曾经有过八百多座戏台，那么，和它相邻而比它富庶得多的宁海县曾经有过多少戏台呢？总不只有现存的这一百多座吧，它们到哪里去了呢？怎么去的呢？又据另一个邻县绍兴的文化馆调查：经过土改后十几年折腾，到"文化大革命"前绍兴县还有二百零八座戏台，再经过十年"文化大革命"，到1986年，不含小小的越城区，竟只剩下了六十九座。看着这本《宁海古戏台》，只见鬼斧神工、龙举凤翔，就能知道，那是一种什么样的损失，多么大的损失！

这本书里写下的戏台，都是中国乡土社会里流传的庙宇戏台和祠堂戏台，没有广场戏台、水上戏台和小庙门前独立的小戏台，这大概是借庙宇和宗祠的庇护，它们的戏台比较容易幸存的缘故。

这种情况倒符合中国戏台发展的历史。关于正正经经的戏台的史料，最早见于北宋，那是庙宇戏台，基本定型：戏台造在庙宇大殿之前（南），面对大殿，中间隔个院子，普通人站在院子里看戏；院子两侧有厢楼，楼上是大户人家看戏的地方；演戏的日子，厢楼下摆满了小吃摊，热气腾腾，油香扑鼻。这个形制，历经一千多年，并没有根本的变化。

从明代后半叶起，经朝廷开禁，全国到处掀起了兴建宗祠的热潮。拜祖宗和拜神道差不了多少，于是，比较成规模的宗祠大多仿照庙宇的形制，戏台也顺带成了宗祠的重要构成部分。不过，宗祠里院子两侧的厢房以单层的为多，建造厢楼的比较少。这大约是宗祠的群众性不如庙宇的缘故。

这样的庙宇和祠堂，分布在多半个中国，不论城乡。它们是乡土社会里最活跃的场所，台上传递着过去的记忆，台下生成着未来的记忆。村民们从戏剧学到历史，学到伦理，唐宗宋祖、忠孝节义，这里是大课堂。

为什么戏台大多数被圈进庙宇和宗祠，面对着大殿或者祖堂？这个布局有个有趣的说法，流传在村野里，也曾被一些文人写进笔记。

说法是：历代都有些“正人君子”认为演戏看戏，台上台下，都“有伤明教风化”，呼吁“有司”严加禁止，以正人心。但演戏看戏都是人的天性所好，岂是什么人能够禁止得了的。经过长期“收”和“放”的反复冲突，禁戏和爱戏的两派势力终于达成了一个习俗上的妥协，便是戏台必须造在庙宇和祠堂里，面对大殿或祖堂，演戏首先是给神灵或者祖宗看的，不敢放纵，否则会惹神灵或者祖宗生气，遭到责罚。而且，青年男女们看戏的时候背后便是神灵或者祖宗，不得不循规蹈矩，岂敢闹些出格的事来。

不过，如今一些满脸白胡子的爷爷们谈起当年看戏的经历，最津津乐道的还是突破种种管束措施，在女孩子堆里挤来挤去，讨骂讨打！或许这是“世风日下”吧，不过，历来的地方志之类的书里，不论明代的还是清代的，大都有文章为这种“世风日下”的情况感叹一番，可见它是“自古已然”，如今听来，倒成了趣事。白胡子爷爷又说：两侧厢楼里坐的高门眷属，男左女右分开，院坝不宽，正好相亲，所以就有了“一厢情愿”和“两厢情愿”的说法。庙宇敬神，祠堂敬祖，庄严肃穆，但是只要红娘上戏台一唱：“他们不识忧，不识愁，一双心意两相投，夫人得好休便好休，这其间，何必苦追求？”庙宇和祠堂便立刻成了最有人情味的地方，小小乡村，也就有了生气。

神灵和祖先当然不会因此而生气。

宁海的古戏台，我去看过几座，大格局依例很程式化，那木作艺术和技术大大使我兴奋了一阵子。

庙宇和宗祠本来就是乡土环境中最壮观、最华丽的建筑，它们是一方匠师们最有代表性的杰作。

杰作总要把最好的一切放在人们最看得见的位置上，所以，对着观众的戏台正面是第一个下功夫的地方。它的比例要和谐，构图要完整，风格要翩翩有生气。宁海的匠师们大都做到了这些，那“如翚斯飞”的翼角多么灵巧，真的一扑簌就能飞起来的吧。或许更多的人会被戏台上方藻井的精巧、华丽甚至奇幻感动。最常见的叫“鸡笼顶”，半球形的，一周遭都有小木作的经络循半径向圆心集中。最辉煌的叫“百鸟朝凤”，就是鸡笼顶向圆心集中的经络朝同一个方向旋转着腾升上去，生气勃勃，永不止息。此外还有四边形、八边形的等等，也都十分玲珑精致。无论从艺术构思上还是从技术构造上看，藻井无疑都是精品。正是这些近乎炫耀的藻井，才能和民间表演艺术家火爆夸张的演出搭配。匠师们对炫耀毫不掩饰，他们竟把藻井做成双联的甚至三联的，从戏台上一直延伸到院坝里，把它覆盖，既统一了二者的空间，又卖弄了自己的才能。看得出他们洋洋得意的心态，观赏者就觉得过瘾。

这本书的作者徐培良先生是一位文物保护工作者，正是他，不怕承担重大的责任，尽心尽力为宁海的戏台申报了国家级的文物保护单位。可惜因为没有经验，怕保多了管不起来，只申报了一百几十座中的十座。不过，作为历史上形成的群体，接着拓展这个名单是完全可能的。我们不能让先人们世世代代创造的无比珍贵的艺术和技术成就，乡土建筑中极有生气、极有群众性的作品，再被冷落，再被遗弃。万一它们因为被冷落、被遗弃而致毁灭，那将是我们这个民族的悲哀和耻辱！

徐培良先生写作这本书，是为这些戏台以及其他的历史文化遗产呼吁生存权。他写得具体细致，提供了丰富的历史文化信息，因此，这本书很有学术价值。我上山下乡，从事乡土建筑研究二十年，“寂寞沙洲冷”，既了解他的心迹，也知道他的辛苦。为了争取这些宝贝以及遍于全国的类似的宝贝平平安安地保存下去，在相应的知识极其不足的情况下我写了这些话，浮浅和隔膜，就请原谅了吧！

这篇短文写于7月7日，这是“七七事变”七十周年纪念日，正是这个“事变”，开始了我们国家和人民整整八年的灾难岁月。我作为这八年的亲历者，见到过多少同胞的牺牲和多少文物的毁灭，还有从此造成的国家民族发展的滞碍。

历史教训我们必须自强。只有经济的自强是不够的，还要有文化的自强。经济的落后比较容易赶上，要克服文化的落后就困难得多了，而文化的落后又必然会拉经济发展的后腿，这是眼前的事实教给我们的。文化的落后要靠创造去克服，作为国家民族创造力见证的文物，是创造新文化的重要助手，所以文物保护是文化建设的一个万不可缺的方面。文化建设靠的是一砖一瓦平平实实的积累，不能指望一鸣惊人的伟业。但愿我们大家都能知道，而且行动起来。

2007年7月7日

《乡土屏南》[1]序

我刚刚从武夷山回来。这已经不知是第几次到福建去了，越看越感到，福建省乡土建筑品类之繁、式样之富、水平之高，说是冠于全国，大概差不了多少。更难得的是，当前在建筑文化遗产保护面临极其危重的灭顶之灾的时候，福建竟有一些“爱好者”挺身而出，逆风而动，投身于抢救乡土建筑的事业，使我欣慰，减少了几分忧虑。尤其使我高兴的是，他们不但重视这项工作，而且动手去研究，是深入的研究，不是用办公事的方式去做些机关工作。

大约是前年，我就为《乡土寿宁》的完稿、出版，深深感动，冒昧写过几句话。这次从武夷山回来，刚刚进家门，紧跟着就进来了福建省屏南县的宣传部部长周芬芳同志，还有一位

---

① 《乡土屏南》，刘杰、周芬芳著，中华书局2009年出版。

健壮的男同志，他就是副部长王多兴，提着重重的一只口袋，不是寻常的什么土特产，而是一大摞书稿。什么书稿？是《乡土屏南》的稿子，倒也是一种土特产，写文化遗产的土特产。

周芬芳同志去年来过，给了我一本十分漂亮的书，是屏南县白水洋自然风光的摄影集。那本书里，山山水水，又奇又美，什么人只要看过一眼，就会立下决心：此生非到屏南县去一趟不可。我看，去一趟，不如就在那里住下吧！

想不到，仅仅一年之后，两位同志便又提了全面介绍屏南县文化遗产的书稿来了。我写了一辈子的书，成绩不大，但是写书之苦倒是多少知道一些的。我此生没有当过一天领导干部，但领导干部之忙碌，我也多少知道一些。在忙碌之中去担当本来未必非干不可的写书之苦，那种挺身而出的责任心，我能理解而且钦佩，所以我始终以近年已经不大通行的“同志”来称呼他们。这一口袋文稿，都是他们用下班之后的业余时间写的，而且没有稿费之类的报酬，这种敬业精神，现在已经不多见了，所以我也可以称呼他们为“傻瓜”。太精明的人是做不了这种严谨的学术工作的，但愿“傻瓜同志”多一些，不要动手干什么之前先想着名和利。看看曾经遍布全国的乡土文化积淀，那么精美，那么动人，有谁知道它们创造者的姓名！而且，可以肯定地说，那些能工巧匠们绝不可能腰缠万贯。

但我能极有把握地说，这两位“傻瓜同志”提起这一口袋沉重的书稿，心里必定会有一份宽慰的感情。大地上所有的文化遗产，都是上属于祖先，下属于子孙的，每一代人的历史责任都是把祖先的创造性成果传递给子孙，任何人都没有权力去破坏它们，因为它们并不属于哪一代人，即便是大有权力的人。在文化遗产前面，我们大家都应该有庄重的历史感，必须抱着谦逊的心情。山峰应该去攀登，台阶不可以拆除，要学会科学地保护它们，抱着一种十分珍惜、十分负责的态度。而保护的前提是研究，屏南县的“傻瓜同志”们做了。做了一步，便是对民族、对民族的历史和未来担起了责任。他们或许能喘一口气了，但是，我敢说，他们今后该做的工作就更多了，我也相信，他们对着更苦、更累的工作也不会停步了。

我们，中国人，应该懂得，我们中国乡土建筑所蕴含的文化历史信息是世界上最丰富、最独特的。中国的宗族制度、科举制度和根深蒂固的泛神崇拜都深深植根于中国的农业社会之中。它们都是中国所独有的，而且都对乡村的文化、信仰、日常生活发生了极广泛又极深刻的影响。所有这一切，都肯定而鲜明地表现在传统中国农村的整体和农村各种建筑物的选址、布局、形制、样式和装饰等方面。乡土建筑是中国文化最集中、最鲜明的携带者，它们绝不是“断烂朝报”，更不是“帝王家谱”，它们是中华民族最大多数普通人的生活的最忠实又最细致入微的记录，也是最大多数民间匠人创造力的见证。有哲人说过：建筑是人类社会的史书。这么说，乡土建筑就占了这部史书的一多半。这部史书里记述的事实是最可靠的，最贴近人民大众的，因而是最亲切的。我们一旦读懂了它们，就一定会喜爱它们，保护它们。

屏南县的“傻瓜同志”们把县域里的文化遗产写得很细致，一节“双溪镇”足足写了五十六页，从它的地理、历史，房屋、桥梁一直写到美食和品尝美食时候的座位安排。如果配上一些插图，这节就能单独出一本小书了。这可不是啰唆，绝不是，这是感情，是责任心。这表明这本书的擘画者和写作者对屏南历代人民的创造很有亲切的爱，乐于熟悉它们，也乐于记录它们。这种感情和责任心是一切文化工作者必须具备的品质。

作者们写到桥梁和房舍的时候，大多不但都有基本形制、建造年月和主要尺寸，甚至有梁底的题款；写到餐馆，能叫我闻到菜肴的香气，馋涎欲滴。他们还时不时地做些小考证，能扩大读者的知识面。写作者们的乡土深情不是用形容词表达的，而是用生动的、深入的、细腻的记述来表达，看了实在叫人动心。我希望屏南的朋友们，能用这样饱满的感情和认真的责任心进一步去保护他们家乡丰富的、独特的文化遗产，不让它们失传，也用同样的热情去建设更好、更美的新文化。他们写的这本《乡土屏南》，就是新文化的一个出色的成果，难道在屏南县漫长的历史里，曾经出版过这样一本专门写地方文化的著作吗？我们所希望的，就是请朋友们下定决心，把地方文化遗产的保护和新文化的建设一起进行到底。

屏南的朋友们，我已经把地图册拿过来了，细细看了，什么时候到你们那里去最合适呢？

2009年8月末

《福建土楼建筑》[①] 序

我老了，老的第一个标志就是没有了记性，人名、地名、时间、“历史事件”，不是压根儿什么都记不得，就是记得一塌糊涂，张嘴就出笑话。但是，说来奇怪，黄汉民和他的工作我偏偏没有忘记，是因为我有偏心眼儿吗？这可说不清。

其实，想想也能明白，并不真的奇怪，那是因为我们兴致相同，而且这兴致可不是随手可以拿起来，又随手可以放下去的。这就是我们都爱乡土建筑，那乡土文明的担当者，爱得很！黄汉民早年的硕士论文就是写乡土建筑的，这在我们系是第一个。

从前，有很长一个时期，我们建筑界的“学术空气”很热

---

① 《福建土楼建筑》，黄汉民、陈立慕著，福建科学技术出版社2012年出版。

闹，大大小小的批判，没完没了，在各行各业里算得上是拔尖的。为什么？倒不怪理论家多了一点，主要的是那时候建筑行业不景气，大家没事儿干。

待行业高潮一到，眼看着建筑界的“学术空气”就凉了下去，大家日日夜夜忙于出图，市场上的学报、杂志，一下子就变成了画刊。这仿佛也正常，学术文章，谁还花时间去写？写了，有谁看？“反正我没工夫看！”

正是这时候，我逆风行舟，搞起乡土建筑研究来了。搞乡土建筑，难免东奔西跑、上山下乡。有一次到了福州，于是，我想起了黄汉民。一找到他，果然“相见甚欢”。他已经当上了建筑设计院院长什么的，但是，听我说搞乡土建筑，马上转身拉开了几个抽屉，给我看一摞又一摞的照片，都是他前些年辛辛苦苦攒下来的。那几年清闲，他一有机会就往乡下跑，有时就骑一辆自行车，当然，有很多时候推着它，翻山越岭，到处去调查乡土建筑，资料已经积存了几抽屉。但是，那些年，“正经”工作一上路，他可忙得不得了，当了院长，不但要管业务，动手做设计、做规划、开会，还要管不少啰啰唆唆的事情，连一些人家夫妻吵架他都得劝劝。这么一来，他的乡土建筑研究就不很顺利了，我真觉得遗憾，当然也不能说些什么。幸亏他很执着，每天下了班还要再干几个钟头——真是几个钟头——的学术工作。不过，听说他家两口子身体都不很好，来回住了几次医院，我就只好拜托大慈大悲的观音菩萨了。

朋友之间总是互相盼望永远年轻，但是，我心眼儿着实，黄汉民退了休，我倒挺高兴，我知道他一定会抓起他的学术研究来。一点不差，除了返聘建筑设计院的顾问与设计工作以外，他终于有比较多的时间跟老伴陈立慕一起做学术工作了。这一做，就出了彩，没有多少日子，正式出版了几本书。

现在，在我手边就是一本黄汉民两口子新著的又大又厚的样书，快要出版了。这本书写的是福建南部早就名闻世界的“土楼”。土楼，写的人已经不少了，而且正式成了我们的“世界文化遗产”，那么，当然它们的里里外外、大大小小都应该已经研究透了。但是，他们却仍然写出了很丰富又很重要的新内容来：关于土楼的地区分布，它们形成的缘由，它们的主要建造年代，它们的种类，它们的现存数量和保护办法，等等。他们在这些方面都提出了扎扎实实的新的见解和建议。如此一来，当然就会推翻或改变早先不少人一些见解或建议。这是学术的进步。学术进步的必然之路，便是实实在在地较真。他们很中肯地批评了某些工作现象。

书中提道：“在居民（对文物的）保护意识还十分欠缺的

今天，政府主导显得尤为关键……现实的情况是，很多政府部门领导把申报历史文化名村、镇或‘申遗’作为一任的政绩，十分重视，一旦取得名村名镇或‘世界遗产’的称号，似乎大功告成，换了一任领导就无人过问，保护规划无法真正落实。”“这种狭隘的心理，目前很普遍。”申报“世界遗产”的成功就是某一任当事人的业绩，下一任的人就不可能再在这件事上“立功”了，于是也就把遗产长远的保护撂在一边，自己再去另找一个可以“立功”的项目。“申遗成功”因此便成了某些文物被冷遇，甚至被破坏的起点。

要做的事，一是太多，二是太难呀！

土楼绝大多数不是独立存在的，它通常是一个村子的一部分，当然会是最重要、最庞大的主导部分。它的门外不远，有牛棚、猪栏、柴房、磨坊之类的辅助建筑。稍远几步，还可能有几座院落式的独家住宅。历史久远一点的，甚至有宗祠、土地庙、天后宫和子弟们的学塾，外加几口水塘。更进一步，有些比较大一点的村子还会有两幢、三幢甚至几幢土楼，它们有圆的、方的，还会有月牙形的，等等。所以，保护作为历史文化遗产的土楼，不应该把它们一个个孤立出来，而应该选择一些建筑类型比较多，布局、建造等等方面都有代表性或强烈特色的村落做整体的保护，这样才会达到全面传递历史文化知识的目的。只光秃秃地保护一座或几座土楼，不保护其他，那是画“半身像”，不能承担完整的历史记忆。

保护文物建筑（群）的意义是传递文明史，不是为了借历史玩意儿赚钱过好日子。所以，虽然保护古建筑或者古村落未必都能赚钱，甚至还会赔钱，但赔钱也要保护，这便是保护文物的历史文化价值，这价值是不能替代的，它的意义才是永恒的。

哪里能用赚钱的多少来衡量文化价值！背出一首唐诗能值几个钱？但是没有唐诗，我们民族的文化水平就会低落多少呀！

黄汉民工作的意义又很不平常！我向他敬礼！

更希望还有些人在各处开辟新的文化宝库！

2011年12月

《故园——远去的家园》[①] 序

玉祥把他多年来在乡村拍摄的照片精选了一部分，准备出版，邀我在书前面好歹写几个字。这件事叫我很为难，哼哼哈哈拖了差不多半年。难在哪里？至少有两点。第一个难点是，玉祥跑过的地方实在太多，几年前，他很遗憾地告诉我，还没有到西藏去过。过了不久，我有事找他，拨了他的手机号，他很高兴，也很自豪地大声说："我在拉萨啊！"他又把西藏跑了个遍。有几次，我从交通极不方便、偏僻而又毫无名声的小山村回来，很得意地跟玉祥提起，他会回答："我可以把那里的照片找出来给你看看！"大扫我兴。弄不清他究竟去过哪里，拍过多少照片，就觉得给他的摄影集写些什么太不自量了。第二个难点是，这本影集的观赏者预定是一般的爱好者，

① 《故园——远去的家园》，李玉祥著，浙江摄影出版社2004年出版。

没有任何专业性的定位。但我是一个专业工作者，几十年养成的习惯，一提起笔来就往我的专业框子里钻，如果不摆脱这个习惯，在玉祥的影集里写我的专业，便会倒了读者的胃口。于是，犹犹豫豫不知所措——写到这个“措”字，请容我插一段笑话：伤天害理的那十年里，我当了牛鬼蛇神，有一次“工宣队”的“砂子”们审我的“灵魂深处一闪念”，我不经意中说了句“手足无措”。一位趋奉在“砂子”左右的教授干部立即瞪起眼睛训斥：“手也不错，脚也不错，你什么都不错，那就是说工人师傅把你整错了，你好大的胆子！”——说了这么个笑话，心情稍稍放松，我再往下写也许就会顺利一点儿。

其实，心情稍稍放松，源于一个多星期前。那天，在楠溪江上游的林坑村，面对着仙山楼阁似的古老村子，玉祥又向我提起影集的事。他说，集子的名字就叫《故园》。我嫌这个名字太文绉绉，他说，“故园”，带点儿伤感，我喜爱这点儿伤感。当时，他正张罗着帮凤凰卫视拍摄“寻找远去的家园”专题节目，家园正在远去，那一层伤感浓浓的，粘在心坎上，又甜又苦，又暖又凉，拂拭不去。这千般滋味从哪里生出？从我们民族的历史中生出。一个几千年的农业民族，要向现代化迈进，在这个大转变中，人们要舍弃许多，离开许多，遗忘许多。而这许多将要被舍弃、被离开、被遗忘的，不久前还曾经养育过我们，庇护过我们，给过我们欢乐，给过我们幸福，也在我们心头深深刻下永远不能磨灭的记忆。这其中就有我们的家园，远去了，那便是“故园”。历史不能停滞，古老的家园将越来越远，但是，人们对家园的眷恋岂是那么容易消去的，这种眷恋就成了我们民族当前这个历史时期的文化特色之一，玉祥就沉浸在伤感之中。他的情绪感染了我，我心里活动起来，把前些日子初步设想过的几种学究式写法，全都抛掉，就从“家园”，从“远去了”下手写，可能会更好。于是，便觉得轻松了一点儿。

玉祥的故园摄影，题材都是农村。农村在几千年的长时期中是我们民族的家园。人们在农村中生，在农村中长，在农村中读书受教育，仗剑远游四方的男儿还要回到农村中颐养，最后在村边苍翠的山坡下埋下骸骨。在农村里积贮着农业时代我们民族的智慧和感情。它们是我们民族善良、淳厚、勤奋和创造力的见证。玉祥生长在南京，虎踞龙盘的帝王之都，但他对六朝繁华毫无兴趣，眼里没有秦淮河的旖旎，胭脂井的风流，更没有灯红酒绿的现代化剧场、舞厅，他对南京似乎只留恋路边摊头上的鸭血汤，每次长时期上山下乡回来，下了火车，先蹲在路边摊头喝上一碗。有一次竟端着碗就给我打长途电话，炫耀他的那一口享受。他在心底里真正认作家园的，不是南京，而是广阔田野里的农村。他所认定的故园，不是他自己的、个人的，而是我们民族的、大家的。因此他的照片，能叫千千万万的人感到亲切，打动他们的心，引起广泛的回响。

我这一代人，上辈里，父亲、母亲或者伯伯、舅舅，还生活在农村，春耕秋收，默默地养活着整个民族。我家是河北平原上运河边的农户，母亲最爱给我们兄弟讲的，是我祖父怎样相中了她这个儿媳妇。当祖父带着我父亲来到我姥姥家时，寒门小户，没处回避，母亲只好继续在布机上织布。祖父过去摸了摸布，平匀紧密，没有多说什么，就给父亲订下了这门亲事，辞谢了一位大户人家的女儿。母亲也偷眼看了看父亲，粗手大脚，一副好庄稼人的样子，心里便觉得踏实。这是一门标准的“男耕女织”的亲事。母亲不识字，但记得许多歌谣，如“小小子，坐门墩”之类。我出麻疹那些日子，母亲坐在床边教我背诵这些歌谣，虽然俚俗，但朴实可爱，有一些不免带着社会的偏见，但艺术水平不低，很生动，而且朗朗上口，记住了便忘不了。有一首写家庭里姑嫂斗气的歌谣叫《扁豆花》：

扁豆花，一嘟噜，
她娘叫她织冷布。

大嫂嫌她织得密，
二嫂嫌她织得稀，
三嫂过来掠她的机。（指织机）
“娘呀娘，受不的，
套上大马送俺去。”（指出嫁）
爹娘送到大门外，
回过头来拜两拜，
哥哥送到枣树行，
拿起笔来写文章。
先写爹，后写娘，
写的嫂嫂不贤良。
“爹死了，买棺椁，
娘死了，上大供，
哥哥死了烧张纸，
嫂嫂死了拉泡屎！”

乡土文化就这样点点滴滴、丝丝缕缕地渗进我的心田，随血液流遍全身。我从小学到中学，都在江南的山沟沟里度过，随着老师开荒种田。最喜欢干的活儿，是收了麦子之后，到水碓里去磨粉。打开水闸，山水冲过来，水轮就转呀、转呀，大轴上的几根臂，拨动一个齿轮，磨盘活动起来，不一会儿雪白的粉便出来了，再过几道罗。这活儿不累，而水碓边的风景总是很美，坐看流云一刻不停把峰峦弄得千变万化，偶尔还会有翠鸟飞过。三四个同学一起去，可以抽出一两个人下到溪里摸螺蛳，一上午能摸到一木盆。礼拜天，约上几个人去偷白薯，自以为有心眼儿，走远一点去挖山坡地里的，好把罪过推给野猪。但回来拿到乡民家去煮，婶子大娘就会宽容地笑笑，不说什么，煮熟了端出来，总比我们交给她的多几块。我们的脸烧红了，只管低着头吃，装得清白，心里洋溢着对乡亲的感激。

后来我到了大都会，囚禁在钢筋混凝土的笼子里，仍旧自认为一个乡下人，不怕说我少年时代最珍贵的收藏品是几个彩色的胶木瓶盖子。在刘伯温的庙里上学，冬天水田都冻成密密麻麻竖立着的冰凌，大风雪里我光脚穿单布鞋，没有袜子，一连几个月脚指头都冻木了，没有感觉。离开农村几十年，心头总牵挂着父老乡亲，每当见到城市里华丽的大剧院和摩天楼一座座拔地而起，我都免不了想起他们，他们生活得怎么样了？真的温饱了吗？农村永远是我的家园。

于是，在茫茫的人海当中，我和玉祥竟走到一起来了。

我在退休以后终于又回到我的农村。和几个同事一起，我们开展了乡土建筑的研究，年年上山下乡，又睡到了被汗水渍得又红又亮的竹榻上，睡到了铺着苇席的火炕上。有一年，因为交通阻碍，滞留在徽州，到老街上闲逛，见到了几本厚厚的《老房子》，拿起来随手翻翻，心里立刻就漾起了波澜。那是我家园的影集呀，我多么熟悉这些乡下老房子，熟悉它们的格局、装饰，知道这里是堂屋，那里是厨房，是西乡师傅垒的墙，是河东师傅雕的梁。这道门里住着王老汉，他用草药治过我的伤，廊檐下正在织袜子的是李大娘，她会用笤帚敲着簸箕给孩子们叫魂。桥下，我跟光着屁股的小朋友戏过水，山上，我踢开积雪挖过笋。——这些真是我的家园吗？真是我记忆里的生活吗？是真的，又是幻的。这沉甸甸的几本书里所有的老房子，或许我一座都没有见到过，但是我为它们魂牵梦萦了几十年，我正到处奔波着寻找它们。

为什么这些照片有力地打中了我的心？仅仅是因为它们构图和谐吗？仅仅是因为它们光影丰富吗？不，也不仅仅是因为它们格调高雅，脱略世俗的浮躁和烦嚣。打动我的，是照片中浓浓的人情，拍摄者显然对农村的一切很敏感，他用镜头记录了生活的宁静、闲适、恬淡，也叹息这种生活的另一方面，它的落后、贫穷、闭塞。他歌颂了那些老房子的自然和优美，也无可奈何地描画出它们不可避免的消失。看那道骑门梁的曲线多么柔和精致，但它断裂了；看那屋面的穿插多么轻巧灵活，但它塌了一只角；看那门头，它曾经装饰着砖雕和壁画，色彩和材质的搭配多么巧妙，当年的房主把兴家立业的志趣都寄托在它身上了，但它现在已经破败剥落，影壁上长出了青草，草叶在照片里有点儿模糊，那是西风已经紧了，它们在颤抖。家园呀，远去了。

《老房子》的摄影者是个抒情诗人，他所抒发的是历史转型时期的情，是一个民族告别了传统的农业文明，走向更加强有力的工业文明时那种且恹恹且恋恋却又不得不如此的剪不断理还乱的情。（对着书本，我立刻想到两百多年前工业革命浪潮淹没英国的年月，行吟于湖边草泽的浪漫主义诗人，他们陶醉于田园风光，农舍墙头常青藤叶片上的露珠和乡间小礼拜堂黄昏的钟声会使他们流下眼泪。）都是痴人，都是伤心人。这是历史的回响，是天鹅的绝唱。凄清，然而美！

我无力买下那些书，叹一口气，轻轻放下。但是我记下了它们的作者，用心灵为远去的家园拍照的李玉祥。

差不多就在这时候，玉祥参加了北京三联书店的工作。他也知道了我在研究乡土建筑，抢救它们的历史资料，偶然也有心情为远去的家园唱几首挽歌。有一天，他打来了电话，我们见面了。我知道了他对乡土文化的迷恋，知道他一年有一大半时间在农村里。这是一个既孤独又坚定的人。他有信念，这信念不是来自书本，而是出于心田，因而不会轻易放弃，不会轻易妥协。

不久，玉祥随我们的研究组一起到广东梅县的侨乡村去。我们在梅县火车站接到他，彪形大汉，背着跟他身材一样高的背包，足有几十公斤重，在人群里很显眼。我们住在小街上的小客店里，那里同时还住着几个叫花子，他们白天在街上乞讨，晚上就跟我们掺和，在男女不分的水房里冲凉，大大咧咧，满不在乎。店老板和老板娘天天夜里吵架干仗，高声叫骂还带上响亮的劈耳光、打屁股，非常有气氛。早晨起来，两口子笑盈盈向我们兜售丸子汤。房间板壁上糊的报纸，早已发黄酥化，零零落落，勉强辨识上面断断续续的新闻，似乎是大跃进时代的，有三十多年了。床上的被褥灰黑色，发亮而黏涩，贴到身上先有一股凉气。一熄灯，墙上床下就发出窸窸窣窣的声音，显然有不少的什么东西在爬行，老鼠？蜈蚣？蛇？不知道。我们下乡，经常住在农民家，既干净又放心，那次住在这样一家客店里，不太习惯，不过学生们照样紧张工作。玉祥也没有说什么，天天晚上摆弄他的相机和胶卷，有一晚还给我们的学生讲了一堂摄影课。不过，给我们拍的生活照再也没有找到，他再三说早已给了我，但我一点也记不得。

以后，玉祥跟我们一起去过浙江的郭洞村，江西的流坑村，山西的郭峪村和西文兴村，还一起在浙江泰顺访问过许多古村落。在郭峪和西文兴，他和我同住一间房，我可领教了他的勤奋工作。每天晚上，趴在床头写日记，一面写，一面问我白天到过的地名，见过的人名。刚问明白，转眼就忘了，再问，再忘，又再问。我被他的“不耻下问”弄得烦透了，他还要问。我本来是夜猫子，睡得不早，夜夜洗完脚睡下，他还在写，还在擦相机，修三脚架的螺丝。我一觉醒来，他还在灯下忙活。等第二天大亮，我起来了，他却在床上打呼噜，连又笨又大踢得死牛的靴子都没有脱。山西缺水，这倒合适了。有一天我说：玉祥啊，这样可讨不到老婆啊！他憨憨一笑，说：会有的，一切都会有的。

真正的合作，玉祥和我只有一次，那是为三联书店出版的《楠溪江中游古村落》。20世纪90年代初，我连续几年研究过楠溪江中游的乡土建筑，对那里的情况比较熟悉，三联书店希望我写一本书，请玉祥去摄影。他动身之前，我们一起拟了个计划，由我提出一批非拍不可的村落和房子的名单。他看过我以前给楠溪江写的书，怀着对那里古村落高远的文化蕴涵和优美的建筑艺术的无限憧憬，兴致勃勃地去了。只过了两天，我的电话就空前热闹起来，他用手机告诉我，这座房子倒塌了，那个门楼找不到了。他说，“我在东皋村，没有见到你最喜欢的溪门呀”。我问：“你在哪个位置？”“我在矴步头上。”“你往上坡走几十步就到了。”过几分钟，电话传来一声沉重的叹息，“被新房子包围了呀，照片根本拍不成了。”下一次，“喂，我到了水云村，往哪里找那条石头巷子呀？”“你先到水云亭。”“我到了。”“你从亭北向西走二十步。”“走了。”“再向右一拐，不就是那条最美妙的巷子吗。”“哎呀，拆完了呀！”他到了埭头村。“玉祥，你到村背后去。”“好的。”“看到松风水月宅了吗？”“看到了——啊呀！太美啦，太精彩啦！”“你再往西边看，看到什么？”“好一堵拉弓墙，曲线太妙了，那是什么房子呀？”“那是木工家族的宗祠，又是鲁班庙。”“你慢慢说，我换个胶卷。”“你留着几卷，到后面卧龙冈上用。”“我到卧龙冈了。”“怎么样？”“绝了，绝了，绝了。”那天他的胶卷大概用超标了。

楠溪江中游的古村落既使他兴奋，也使他痛苦。他情绪激动地口里反复念叨着鲁迅先生的话：把美毁来给你看，这就是悲剧。最悲剧性的事实是，他看到，花坦村的“宋宅”和岩头村的水亭祠完全坍塌了。楠溪江的村民们，都认为“宋宅”是真正建于宋代的，它后院里有一口井，井圈上刻着“宝庆”的年号。水亭祠则是岩头金氏桂林公的专祠，他是明代嘉靖年间人，毕生从事家乡的建设，兴修了水利，规划了街巷，造起了一批大住宅，而且完成了楠溪江，或许全国，规模最大，布局最曲折有致，花木葱茏的一座农村公共园林。村人为了纪念他，把他为乡亲子弟建造的一座书院改成了他的专祠。专祠的布局也是园林式的，很独特巧妙。我十年前去的时候，它稍有残破，但只要用两根木料支撑一下，还能熬过这文化冷漠的岁月，等得到明白过来的后人们挽救。但是，没人去支那两根木料，虽然当地乡人们绝不缺那几个钱。水亭祠终于没有苦撑苦熬到得救的那一天，倒下了。我在电话里嘱咐玉祥务必把那两堆废墟拍摄下来，后来成了《楠溪江中游古村落》书里最震撼人心的两幅照片。我们忙着抢救珍稀的濒危动物，为什么不抢救我们顶尖的文化遗产？一个物种消灭了，我们万般惋惜，为什么我们对一种文化——乡土文化的消失，那样麻木不仁、无动于衷。乡土文化，它的灿烂的物质遗存，是我们祖祖辈辈先人们创造的成果，是他们智慧和勤劳的结晶，更是我们这个还没有走出农业社会的民族的历史的见证。我们时时不忘夸耀五千年的文明，我们的文明为什么这么不健康，这么脆弱，这么缺乏自信，禁不起市场经济区区十几年的冲击，一败涂地。

同样的悲剧在全国许许多多地方上演着。悲剧进一步使我们认识到我们工作的急迫性和重要性。悲剧大大提高了我们的使命感，提高了我们在工作中的道德自信。玉祥一次又一次联络电视台和出版社，希望他们向全社会呼吁，我不顾屡遭冰冷的白眼，去向地方长官们苦苦哀告，求他们对几个珍品村落手下留情。

当然，我们并不盲目，我们不是眷恋农业社会的怀旧者。家园远去了，尽管有些伤感，但我们清醒地知道，我们所要留住的，不过是历史的几件标本而已。“无可奈何花落去，似曾相识燕归来”，暮春时节，残花总要辞别枝头，我们只乐于看到，梁上的旧巢里，还有去年的燕子归来，翩翩起舞，带着一份浓情。

二百年前，英国诗人拜伦游历意大利，在威尼斯写了一首诗，开头几行是：

> 威尼斯啊威尼斯！一旦你大理石的墙
> 坍塌到和海面相平，
> 世人将痛悼你楼台的倾圮，
> 苍茫大海会高声把哀伤回应！
> 我，北来的漂泊者，为你悲恸，
> 而你的子孙，本不该仅仅痛哭而已，
> 可他们却只会昏睡着，口吐梦呓。
> ……

子孙和祖先相差万里，他们像螃蟹那样，
在残破的小巷里爬行，
痛心啊，多少个世纪的养育，
收获的竟是没出息的一群废物。

我们不愿意读到，有朝一日，一位外国诗人在中国写下这样的诗。

国家新闻出版广电总局

首届向全国推荐中华优秀传统文化普及图书

‖大家小书书目

经典常谈	朱自清　著
语言与文化	罗常培　著
习坎庸言校正	罗　庸　著　杜志勇　校注
鸭池十讲（增订本）	罗　庸　著　杜志勇　编订
古代汉语常识	王　力　著
国学概论新编	谭正璧　编著
文言尺牍入门	谭正璧　著
日用交谊尺牍	谭正璧　著
敦煌学概论	姜亮夫　著
训诂简论	陆宗达　著
金石丛话	施蛰存　著
常识	周有光　著　叶　芳　编
文言津逮	张中行　著
中国字典史略	刘叶秋　著

古典目录学浅说	来新夏　著
闲谈写对联	白化文　著
怎样使用标点符号（增订本）	苏培成　著
诗境浅说	俞陛云　著
唐五代词境浅说	俞陛云　著
北宋词境浅说	俞陛云　著
南宋词境浅说	俞陛云　著
人间词话新注	王国维　著　滕咸惠　校注
苏辛词说	顾　随　著　陈　均　校
诗论	朱光潜　著
唐诗杂论	闻一多　著
诗词格律概要	王　力　著
唐宋词欣赏	夏承焘　著
槐屋古诗说	俞平伯　著
词学十讲	龙榆生　著
词曲概论	龙榆生　著
中国古典诗歌讲稿	浦江清　著
	浦汉明　彭书麟　整理

唐人绝句启蒙	李霁野　著
唐宋词启蒙	李霁野　著
古典文学略述	王季思　著　王兆凯　编
古典戏曲略说	王季思　著　王兆凯　编
唐宋词概说	吴世昌　著
宋词赏析	沈祖棻　著
道教徒的诗人李白及其痛苦	李长之　著
闲坐说诗经	金性尧　著
陶渊明批评	萧望卿　著
舒芜说诗	舒　芜　著
名篇词例选说	叶嘉莹　著
唐诗纵横谈	周勋初　著
楚辞讲座	汤炳正　著
	汤序波　汤文瑞　整理
好诗不厌百回读	袁行霈　著
山水有清音——古代山水田园诗鉴要	葛晓音　著

门外文谈	鲁　迅　著
我的杂学	周作人　著　张丽华　编
论雅俗共赏	朱自清　著
文学概论讲义	老　舍　著
中国文学史导论	罗　庸　著　杜志勇　辑校
给少男少女	李霁野　著
鲁迅批判	李长之　著
英美现代诗谈	王佐良　著　董伯韬　编
三国谈心录	金性尧　著
夜阑话韩柳	金性尧　著
英语学习	李赋宁　著
漫谈西方文学	李赋宁　著
历代笔记概述	刘叶秋　著
笔祸史谈丛	黄　裳　著
古典诗文述略	吴小如　著
有琴一张	资中筠　著
鲁迅作品细读	钱理群　著
唐宋八大家——古代散文的典范	葛晓音　选译

红楼梦考证	胡　适　著
《水浒传》与中国社会	萨孟武　著
《西游记》与中国古代政治	萨孟武　著
《红楼梦》与中国旧家庭	萨孟武　著
《金瓶梅》人物	孟　超　著　张光宇　绘
水泊梁山英雄谱	孟　超　著　张光宇　绘
《红楼梦》探源	吴世昌　著
《西游记》漫话	林　庚　著
细说红楼	周绍良　著
红楼小讲	周汝昌　著　周伦玲　整理
曹雪芹的故事	周汝昌　著　周伦玲　整理
古典小说漫稿	吴小如　著
三生石上旧精魂 ——中国古代小说与宗教	白化文　著
《金瓶梅》十二讲	宁宗一　著
古体小说论要	程毅中　著
近体小说论要	程毅中　著
文学的阅读	洪子诚　著
中国戏曲	么书仪　著

中国史学入门	顾颉刚　著　何启君　整理
秦汉的方士与儒生	顾颉刚　著
三国史话	吕思勉　著
史学要论	李大钊　著
中国近代史	蒋廷黻　著
民族与古代中国史	傅斯年　著
五谷史话	万国鼎　著　徐定懿　编
民族文话	郑振铎　著
史料与史学	翦伯赞　著
唐代社会概略	黄现璠　著
清史简述	郑天挺　著
两汉社会生活概述	谢国桢　著
中国文化与中国的兵	雷海宗　著
两宋史纲	张荫麟　著
明史简述	吴　晗　著
北宋政治改革家王安石	邓广铭　著
从紫禁城到故宫——营建、艺术、史事	单士元　著
史学遗产六讲	白寿彝　著

司马迁之人格与风格	李长之　著
司马迁	季镇淮　著
唐王朝的崛起与兴盛	汪　篯　著
二千年间	胡　绳　著
论三国人物	方诗铭　著
考古发现与中西文化交流	宿　白　著
中国古代国家的历史特征	张传玺　著
艺术、神话与祭祀	张光直　著 刘　静　乌鲁木加甫　译
中国古代衣食住行	许嘉璐　著
中国古代史学十讲	瞿林东　著
黄宾虹论画	黄宾虹　著
中国绘画史	陈师曾　著
和青年朋友谈书法	沈尹默　著
中国画法研究	吕凤子　著
桥梁史话	茅以升　著
中国戏剧史讲座	周贻白　著
俞平伯说昆曲	俞平伯　著　陈　均　编

新建筑与流派	童　寯　著
论园	童　寯　著
拙匠随笔	梁思成　著　林　洙　编
中国建筑艺术	梁思成　著　林　洙　编
沈从文讲文物	沈从文　著　王　风　编
中国画的艺术	徐悲鸿　著　马小起　编
中国绘画史纲	傅抱石　著
中国舞蹈史话	常任侠　著
海上丝路与文化交流	常任侠　著
世界美术名作二十讲	傅　雷　著
中国画论体系及其批评	李长之　著
金石书画漫谈	启　功　著　赵仁珪　编
吞山怀谷——中国山水园林的艺术	汪菊渊　著
中国古代音乐与舞蹈	阴法鲁　著　刘玉才　编
梓翁说园	陈从周　著
旧戏新谈	黄　裳　著
民间年画十五讲	王树村　著　姜彦文　编
民间美术与民俗	王树村　著　姜彦文　编

长城史话	罗哲文　著
中国古园林概说	罗哲文　著
现代建筑奠基人	罗小未　著
世界桥梁趣谈	唐寰澄　著
如何欣赏一座桥	唐寰澄　著
桥梁的故事	唐寰澄　著
园林的意境	周维权　著
万方安和 ——皇家园林的故事	周维权　著
现代建筑的故事	吴焕加　著
中国古代建筑概说	傅熹年　著
国学救亡讲演录	章太炎　著　蒙　木　编
简易哲学纲要	蔡元培　著
大学教育	蔡元培　著 北大元培学院　编
老子、孔子、墨子及其学派	梁启超　著
中国政治思想史	吕思勉　著
天道与人文	竺可桢　著　施爱东　编

春秋战国思想史话	嵇文甫　著
晚明思想史论	嵇文甫　著
新人生论	冯友兰　著
中国哲学与未来世界哲学	冯友兰　著
谈美书简	朱光潜　著
中国古代心理学思想	潘　菽　著
民俗与迷信	江绍原　著　陈泳超　整理
佛教基本知识	周叔迦　著
儒学述要	罗　庸　著　杜志勇　整理
希腊漫话	罗念生　著
佛教常识答问	赵朴初　著
大一统与儒家思想	杨向奎　著
孔子的故事	李长之　著
西洋哲学史	李长之　著
乡土中国	费孝通　著
社会调查自白	费孝通　著
经学常谈	屈守元　著
墨子与墨家	任继愈　著
汉化佛教与佛寺	白化文　著
中西之交	陈乐民　著

出版说明

“大家小书”多是一代大家的经典著作，在还属于手抄的著述年代里，每个字都是经过作者精琢细磨之后所拣选的。为尊重作者写作习惯和遣词风格、尊重语言文字自身发展流变的规律，为读者提供一个可靠的版本，“大家小书”对于已经经典化的作品不进行现代汉语的规范化处理。

提请读者特别注意。

北京出版社